U0147059

進入花草世界的第一本園藝書！

基礎栽培大全

園藝入門10堂課

花草遊戲編輯部／編著

北市錫瑠環境綠化基金會副技師**陳坤燦**、台大農業試驗場技士**鐘秀媚**／審定

進入花草世界的第一本書

等好久了，對吧！

各位愛花人一定常在書店裡面找來找去，總是找不到一本書——一本可以讓你從頭懂得照顧花草的第一步的入門書。

我在各地講授栽培花草的課程時，遇到愛花人所提的問題，大都是如何開始接觸花草的基本知識。例如種什麼花比較好？怎麼常常澆水還是枯死了？葉子長蟲怎麼辦？播種子怎都發不出來？諸如此類疑難雜症，愛花人想要自行摸索解決很困難，市面上卻還沒有一本綜合性的園藝入門書可以參考，讓愛花人可以藉此打下種花基本功。

所以這本匯集各界花草達人的經驗，詳細示範講解各種栽培技術的書，就是愛花人必備的案頭書了！從分析自己環境可以種什麼花談起，到選購的技巧、澆水的秘訣、介質的認識、換盆的方法、施肥的原則、修剪的技術直到防治病蟲害的對策等。只要是種花會遇上的問題，都有簡要的說明與精彩圖片可供參考學習。即便是剛剛才開始要一親花草芳澤的朋友，也能輕易的汲取書中的豐富知識，開始親手植花種草，享受培養生命的無窮樂趣。

園藝研究專家 陳坤燦

(台北市錫瑠環境綠化基金會副技師)

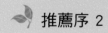 **推薦序 2**

所有愛花人必備的寶典

　　在花草遊戲編輯部的邀請下，協助本書審閱工作，雖然時間緊迫，但看到這麼一本所有愛花人都應必備的工具書，毅然決然放下手邊工作全心投入審閱，希望本書能儘早順利出版，來造福所有愛花人。

　　本人從事生活園藝推廣工作已逾十載，也出版了五本園藝相關書籍，非常能夠了解園藝類書出版之不易，雖然園藝技術之門檻並不高，但要能將各項技術拍攝精準來做說明，確屬不易，尤其植物乃活的生物體，有著季節及生長階段等不同風貌，要能捕捉精確的鏡頭，需要經年累月收集資料才能製作出實用的「工具書」，而這本「基本栽培大全」就是在花草遊戲編輯部蒐集多年資訊下彙集成的寶典，無論是新手入門或是老手複習，都是非常兼具實用與知識性的好書。

　　最後仍要由衷感謝花草遊戲雜誌長年耕耘園藝這塊園地，以本科系出身的人而言，有一群非本科的熱愛者，願意投注心力及成本來開啟更多愛花人，讓園藝這個產業可以生生不息，蓬勃發展，這讓我更要義無反顧情義相挺，以後從事園藝推廣工作，不必擔心沒有實用的參考書了，在此強力推薦每位愛花人都要能必備這本園藝栽培寶典，相信一定能夠讓你事半功倍，享受感性與知性的綠手指生活！

生活園藝達人 鐘秀媚

（臺灣大學生物資源暨農學院附設農業試驗場技士）

CONTENTS

Lesson 1

認識園藝植物

細看植物器官

別小看一株柔弱嬌嫩的小草，
分工細緻的植物器官，
正各司其職的負責吸收養分、輸送水份及繁衍後代的功能，
就像是一個小巧但奧妙的生命世界！

簡單認識植物器官

　　每個人一定都認識植物的器官，但是其功能性與存在意義，卻關乎到植物的生長。因此擁有基本的概念，才能更加輕鬆進入園藝的世界！

　　植物的生長過程中，尚未開花的時期，會藉由根部吸收養料、葉子行光合作用、莖枝傳導輸送，直到溫度、日常週期、植物的成熟度…等因素皆具備，才會開始開花進行繁殖生長的目的；如此循環不已的生命週期，全賴分工有秩的器官來延續。

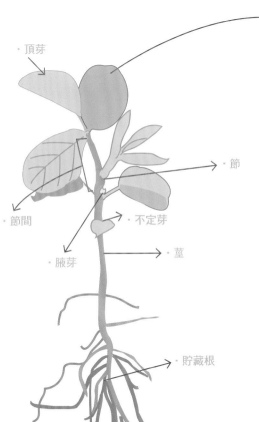

·頂芽

·節

·節間

·不定芽

·腋芽

·莖

·貯藏根

·根毛

葉

主要負責植物的呼吸，行光合作用製造養分，同時因為葉片蒸發的作用，會牽引植物根部的水分上升，是植物的抽水站。

莖、芽

莖是植物的支撐，具有傳導的功能。莖也是發芽生長的位置，依生長位置頂芽、腋芽、不定芽。草本的莖稱為莖，木本的莖是稱為枝。

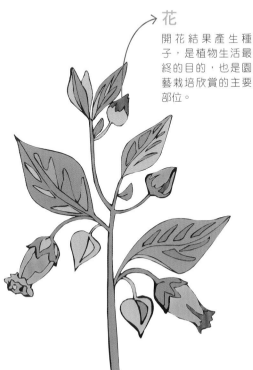

花

開花結果產生種子，是植物生活最終的目的，也是園藝栽培欣賞的主要部位。

根

是植物的根本，主要負責支撐、吸收介質中的水分、養分及空氣，根部較粗大的多含有儲藏的功能。而真正吸收的位置，是在最末端的根毛。

植物的基本分類

綠意盎然的植物世界，任誰都喜歡親近，
然而真要分辨其中的異同，卻好像又說不出所以然。
本篇就將從最基本的植物型態，與應用上的分類，
介紹自然界與園藝界中的花草分類。

形態分類 1 草本植物

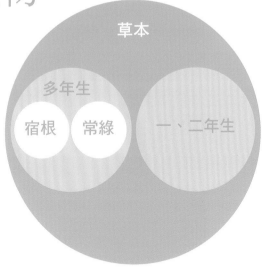

草本

多年生

宿根　常綠

一、二年生

體型嬌小的草本植物，最大特徵為莖部質地柔軟、富含水分，通常沒有經過木質化或僅有少部分會木質化。若想徹底認識家族龐大的草本植物，不妨跟著以下依生長型態的分類，深入了解一番！

一、二年生草本植物

一年生的草本植物，代表從播種、發芽生長、開花結果到枯死的完整生命週期，在一年內完成，通常是春天播種，到冬季前留下種子後死去。二年生則指其生命週期會超過一年。但因為台灣季節變化不那麼明顯，二年生的植物也有可能於夏秋播種、隔春開花，因此不會太細分到底是一年生還二年生。

一、二年生的植物壽命雖短，但生長迅速，且多有鮮豔花朵，花量也會比多年生來得多。所以花市裡最繽紛的草花，可就是一、二年生草本植物的代表了。

一、二年生草本植物壽命雖短，卻多有鮮豔花色。

多年生草本

多年生草本植物，顧名思義就是具有多年的生命，植物可持續生長，生命週期不會中止。依據是否常綠可分為兩大類型，一是具有終年常綠特性的植物類別，另一則是具有休眠習性的宿根性草本。

終年常綠的特性

植物全年都會綠意盎然，沒有枯萎或休眠的現象，擁有生生不息的生命，如家中常見的園藝植物如椒草、黃金葛…等就是屬於此類的代表。

會休眠的宿根草本

多年生草本植物中，還有一種到了寒冬時，地面上莖葉看起來枯萎，但其實根部還存在地底下躲避惡劣環境，等到氣候合宜時再從根部萌芽，生長成新植株，這種就屬於「宿根性草本植物」，也稱宿根草，如桔梗、報春花。其中根莖特別肥大的球根植物，如百合、孤挺花…等，亦屬於宿根性草本植物。

終年長綠：紅網紋草

終年長綠：西瓜皮椒草

宿根：桔梗

球根：風信子

形態分類 2 木本植物

植物的莖具有木質化組織者，稱為木本植物。由於木本植物都屬多年生植物，隨著時間的增長，其根莖與枝幹週遭會生長出新的次生木質部與韌皮部，而舊有的木質部組織則形成堅硬的木材。因此，木本植物會隨著年歲的增加，不斷地加粗其枝幹，以支撐其高大的植株。

一般來說，木本植物可依植株高度及型態，分為灌木與喬木兩大類型。但是可因人為的修剪，讓型態的改變，產生有灌木型態的喬木例如桂花，或是喬木型態的灌木如樹玫瑰，必須視後天的栽培來分類，並無絕對的規則。也可以依照是否落葉，再細分為常綠喬木、落葉喬木，與常綠灌木、落葉灌木。

香龍血樹（巴西鐵樹）

灌木

灌木是指沒有明顯主幹的木本植物。一般會依植株高度判別灌木與喬木，是錯誤的分辨方式。

具木質化枝幹且主幹不明顯者，就是灌木。

喬木

相較於灌木，喬木具有單一而明顯的主幹，也就是我們看到的樹木。通常，喬木生長至一定高度，才會開始出現枝幹分枝的情形。

一般見到的樹木就屬於喬木植物，具有單一而明顯的主幹。

蔓藤植物

　　植物本身的莖部無法直立生長，且具有伸長、攀爬的特性，慣於依附物體或其他植物體上，因此也稱作蔓藤植物。通常植株會藉由蔓莖纏繞、捲鬚或氣根吸附的方式，以達到向上生長、爭取陽光的生活環境。

　　蔓藤植物可藉由莖部的木質化與否，隸屬於草本的蔓性草本與木本的木質藤本兩大種類。

蔓性草本類

　　草本類的蔓藤植物莖部柔軟細弱，能藉由攀爬延伸的特性，整理成吊盆任其自由生長，常見的草本類型有黃金葛、牽牛花等。

牽牛花

黃金葛

木質藤本類

　　木本類的主莖強健，因此植株體型較大，如九重葛、紫藤、炮杖花等，均為居家庭園及公園內常見的品種。

紫藤

炮杖花

看懂花市裡的**植物攤位**

花市裡多彩繽紛的花草世界，讓人走進去就有滿滿的幸福感。即使不懂門道，只要開口問問老闆植物名稱、怎麼照顧，就可輕鬆帶回一盆盆花草。

通常各攤位都會依植物的類型分區擺放，有的像是繽紛花海，有的則綠意清新，還有的光賣單一種的特殊植物。其實，從分區中就能認識植物的種類和生長需求，想要進一步領略園藝世界的趣味，就不妨把花市當做一個活的植物教室，邊逛邊學，你就能選到和自家最速配的植物！

園藝植物怎麼分類

在園藝領域上，植物可不是光分草本、木本就好，而是會按它們的特色與習性，依照人們觀賞的需求，將相近的植物歸納出一園

藝上的稱呼。簡單舉例，要賞花的就是觀花植物；只看葉子的就是觀葉；香草植物顧名思義有香氣；適合高掛欣賞的，會被叫做吊盆植物……。

所以，以下的介紹就當作是一個紙上花市，以後再看到園藝類的專書、報導，就能馬上搞懂當中的植物是什麼了。

花市就像一個活的植物教室。

種類多又便宜的草花，是許多愛花人最愛瀏覽的植物區。

草花植物

　　花市裡草花指的就是一、二年生及多年生的草本花卉，花種繁多又便宜，是花市裡最醒目的一群，也因壽命短，是最適合短期居家布置的寵兒。通常都用黑膠軟盆裝，回去就可自己換盆，無論做組合盆栽或花壇設計，都很出色。

■ 草花有哪些？

　　草花因生長季節又分為涼季草花、暖季草花和四季草花。涼季草花會在秋冬至春天上市，暖季草花則在春夏登場。四季草花當然就是幾乎一年到頭都可以看得到的。

・矮牽牛

・六倍利

・三色堇

・宿根滿天星

・百日草

・萬壽菊

・五彩石竹

・非洲鳳仙花

・金魚草

盆花植物

　　盆花只是花市上給予的稱謂,當中有草本也有木本類花卉,因相較於草花,有更繁盛艷麗的花朵,觀賞價值更高,所以多盛裝於5或7吋的中型塑膠盆中。當中有些較耐陰的花卉因不適合日曬雨淋,還能成為居家室內的布置重點。

盆花有哪些?

　　市場上的盆花繁多,有一、二年生草本如荷包花、瓜葉菊等;多年生草本有非洲堇、觀賞鳳梨、菊花等。球根花卉中則有仙客來、大岩桐、孤挺花……;也有低矮的木本花卉如吊鐘花、木春菊等。

· 宿根美女櫻

· 長壽花

· 風鈴花

· 松紅梅

· 萬鈴花

· 木春菊

· 聖誕紅

· 麗格秋海棠

· 非洲堇

應用
分類
3

香花植物

只要花具香味的，不限草本或木本，我們都會統稱為香花植物。有趣的是，許多香花植物都是白色的，而且晚上會更香，這些特徵都是為了讓昆蟲在夜間能更容易尋覓到，好助它們藉著昆蟲傳播來繁衍。

・香水百合

香花植物有哪些？

香花植物大多屬於木本類，像花朵細小的桂花、樹蘭，香味濃郁的夜香木、夜來香、玉蘭花，花朵純白的七里香、梔子花，還有色香俱全的玫瑰。草本類的香花植物，則有野薑花、百合。

・重瓣梔子花（玉堂春）

・樹蘭

・茉莉

・玉蘭花

・含笑花

・紅花緬梔

・桂花

球根花卉植物

　　球根植物最大的特色,是具有肥大的地下部,是用來儲存養分重要器官。其分類又包括鱗莖、球莖、塊莖、塊根和根莖等。

■ 球根花卉有哪些?

　　常見的球根花卉大部分屬於石蒜科、鳶尾科及百合科。春天開花的球根植物如孤挺花、野薑花、韭蘭、蔥蘭、酢漿草等;因為比較適應本地氣候,休眠狀態不明顯,很適合持續栽培。

　　秋冬開花的球根則有水仙、鬱金香、風信子等等,這些除了盆栽外,花市裡也會在當季擺出球根,讓人買回去自行培育;但在台灣的氣候下隔年都會開花不良,因此球根存留的價值不高。

· 陸蓮花

· 孤挺花

· 酢漿草

· 仙客來

· 風信子

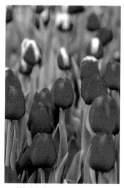
· 鬱金香

· 大理花

· 大岩桐

· 百合

蘭花

蘭科是植物界物種最豐富的一個家族，依其型態可分為根部暴露空氣中的氣生蘭（約佔2/3），以及生於地面的地生蘭。其優美的花朵與葉片線條，加上具有芳香的特性，讓蘭花成為最受歡迎的居家花卉之一，並有不少專門的蒐藏者與育種玩家。

蘭花有哪些？

在花市較常見的不外乎蝴蝶蘭、石斛蘭、萬代蘭、文心蘭、拖鞋蘭、嘉德麗雅蘭及國蘭等。另外天鵝蘭、飄脣蘭、捧心蘭、巨蘭、各原生蘭等也各有愛戴者。

‧蝴蝶蘭

‧拖鞋蘭

‧萬代蘭

‧嘉德麗雅蘭

‧秋石斛蘭

‧國蘭

‧文心蘭

應用分類 6 觀葉植物

　　凡植物的葉形、葉色美麗而具有觀賞價值者，通稱為觀葉植物。大多數觀葉植物一樣能開花，只不過觀葉價值尤勝於觀花價值。多數觀葉植物原生於高溫多濕的熱帶雨林中，能夠適應日照不足的生長環境，也因此耐陰性較強，是園藝植物中，少數最適合擺於室內的。

■ 觀葉植物有哪些？

　　觀葉植物包括有草本和木本植物，草本植物多屬多年生草本，如椒草類、竹芋類、蕨類植物等。木本植物一般作為造景設計的主樹效果，如朱蕉類、鵝掌藤、福祿桐等。

· 五彩千年木

· 粗肋草

· 椒草

· 觀音蓮

· 福祿桐

· 網紋草

· 山蘇

· 彩葉芋

· 虎尾蘭

· 星點木

23

應用分類 7 吊盆植物

蔓藤植物未有可攀之物時，常任枝葉恣意往下垂懸，呈現出柔美的姿態。也因此這類植物若觀賞時，適合吊於高處欣賞其姿態，所以它們通常會掛著販售，是居家最不佔空間的盆栽首選。

· 鹿角蕨

吊盆植物有哪些？

市面上的吊盆大多是具蔓性並耐陰的觀葉植物，如常春藤、黃金葛等，有的為懸垂性如愛之蔓、串錢藤；而花朵懸掛開放的草花或盆花，則是吊盆另一大宗。像口紅花、吊鐘花等。

另外，附長於蛇木板的蕨類、蘭花，也是得吊於壁面栽培的植物。

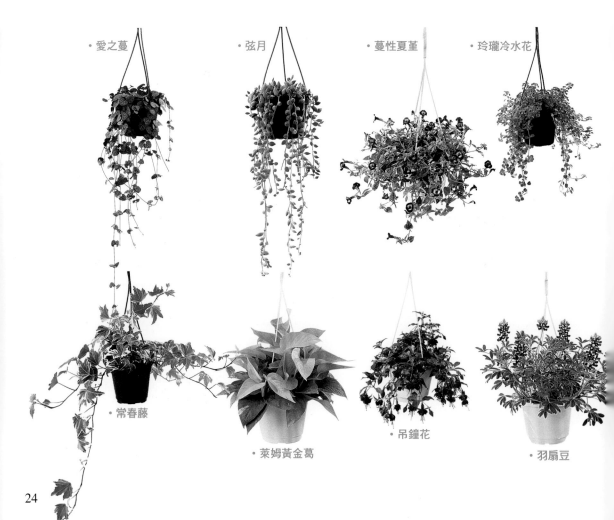

· 愛之蔓　　· 弦月　　· 蔓性夏堇　　· 玲瓏冷水花

· 常春藤

· 萊姆黃金葛

· 吊鐘花

· 羽扇豆

應用分類 8 香草植物

香草植物的種子、果實、花、根、莖、葉,通常具有可被利用為料理、香料、美容、健康等實用功能上。當中包含了來自西方、具有各種香氣的香草,以及台灣本土拿來當調味料的植物。因食用性高、用途廣泛,很適合在家中佈置成調味專用的廚房花園。

·迷迭香

香草植物有哪些?

西洋香草中包括有薰衣草、迷迭香、薄荷、甜菊、檸檬香茅、羅勒、馬鞭草、鼠尾草、香蜂草、天竺葵、紫蘇等都很常見。東方傳統的香草植物種類較少,但像香椿、芫荽草等也很常見。

·金蓮花

·薰衣草

·紫蘇

·羅勒

·百里香

·甜菊

·檸檬香蜂草

·薄荷

食用植物

顧名思義,指的就是可以食用的植物類型,不受限於草本或木本型態,只要兼具觀賞價值均屬於此類。但在購買前得先問清楚栽培時的施藥情形,買回家後最好仔細清洗或栽培一段時間後再食。

•觀賞辣椒

■ 食用植物有哪些?

小盆栽類的有辣椒、草莓,中大型花木盆栽則有金桔、金棗、檸檬、桑椹,具攀爬性的則有葡萄、蕃茄、百香果等⋯。

•番茄

•金桔

•金棗

•檸檬

•蔬菜苗

•桑椹

•草莓

多肉植物

　多肉植物是一個形態極為特殊的植物類群，因多生長於惡劣環境，為能儲存多量水分及忍耐乾旱，其莖或葉便演化成膨脹肥大的肉質，形成變化豐富的莖葉形狀。

　廣義上來說，仙人掌科的植株構造是屬於多肉植物的類形，不過因其數量眾多，又有多刺的明顯型態，因此被單獨歸為仙人掌類。

・月兔耳　　　　・大花犀角

多肉植物有哪些？

　常見的多肉植物多屬仙人掌科、百合科、番杏科、大戟科、夾竹桃科等。所有的多肉植物種類都會開花，但有些每年開，有些則要數十年，所以開花是可遇不可求的。

・緋花玉

・錦繡玉

・牡丹玉

・黃山吹

・帝王壽

・黃金司

・虹之玉

・十二之卷

・金烏帽子

・龍神木

・雙飛蝴蝶

水生植物

生長在水域的植物，皆屬於水生植物的範疇。一般可依葉片與水面的相對位置及其生活習性，大致將水生植物分為：沉水性、浮水性、挺水性以及浮葉性等四大類，甚至還有第五類的濕生性植物。

也因為具有植物與水呈現出的清淨與涼意，讓水生植物很適合搭配各種容器、資材，做出很有風格的造景。

· 水蘊草

水生植物有哪些？

花市的水生植物會有用水盆販售的浮葉性植物如滿江紅、布袋蓮、大萍等；或者在土壤介質中用2吋小盆販售的挺水性、浮水性植物，如希望之星、莎草、田字草等。沉水性的則到水族店會較多。（下列植物名稱為市場慣用的通稱）

· 銅錢草

· 小對葉

· 水蕨

· 水萍

· 一葉蓮

· 珍珠蘭

· 斑葉石昌蒲

· 扭蘭

· 小圓葉

· 槐葉萍

盆景植物

　　盆景植物是種枝葉形態小巧，容易營造「盆中景緻」的植物，藉由人為的修剪、整型、牽引⋯等管理技術來雕塑植物的生長外型，目的就是要欣賞縮小版樹木的枝葉造型。在日本即稱為盆栽，英文為bonsai。

▌盆景植物有哪些？

　　盆景植物自有其欣賞植物的姿態美與野趣的玩家們，加上現代人栽培空間不大，使得現在花市上也出現愈來愈多小品型的盆景，且多使其維持自然型態，並配合陶瓷器或石、木等自然素材，呈現優雅禪風。

·磯菊

·姬蘋果

·真弓

·雪花木

·臭娘子（又稱壽娘子）

·李氏櫻桃

·李氏櫻桃

應用分類 13　食蟲植物

生長於貧瘠之地的食蟲植物，利用葉子部位發展出囊狀、瓶狀或氈毛狀等的特殊構造，使其能捕捉昆蟲，從而獲得更多的養份。除了可在趣味植物的攤位購得，網路上也有各式珍奇的品項。

食蟲植物有哪些？

簡單來看，可分為具有捕蟲夾型的，如捕蠅草、貉藻；或是陷阱方式來捕蟲的瓶子草、豬籠草，以腺毛產生黏液黏捕昆蟲的被動型，如毛氈苔。

· 毛氈苔

· 補蠅草

· 豬籠草

應用分類 14　蕨類植物

生長型態多變的蕨類植物，外觀特性為綠意盎然或極具野趣，具有高度的觀賞價值。尤其品種眾多的各式造型，非常適合應用於室內栽培與園藝造景。

蕨類植物有哪些？

生長環境可以忍受光線較低的蕨類植物，適合栽培在室內或戶外陰暗的空間，屬於觀葉植物的一種，如鐵線蕨、鳳尾蕨、腎蕨…等均為家中常見的蕨類類型。

· 腎蕨

· 兔腳蕨

· 鳳尾蕨

選一棵健康的植物

儘管花市裡的盆栽都是花農們精心栽培的「商品」，但不是每棵規格都一模一樣，無論要買哪種植物，共同的選擇條件，就是健康。以下就從四個部份來觀察植物是否健康強壯。

葉片以茂盛濃密為佳。

葉片翠綠、茂密、無病蟲害

葉片要翠綠有光澤，葉色愈深的植株表示生產栽培時光線剛好、肥料充足；有枯黃或色斑就不太健康。若為斑葉植物，則應選紋樣特徵明顯的。不過有時葉片特別綠亮，可能是被噴上亮面劑的結果。

再來，葉片稀稀疏疏的可就不好看囉！葉片不一定要大，但最好茂密才美觀。最後可以觀察葉背檢查是否有蟲害。

若為斑葉者要紋樣明顯的。

花苞數量多但不全開

不管是草花還是木本花卉，不要光挑花全盛開的，買回去後反而欣賞的花期很短。最好選擇花苞數多、分佈均勻，且一部分已綻放為佳。 另外也要問清楚花期到什麼時候，尤其觀賞期有限的一、二年生草花，免得買到開花末期，讓人賞花的期望落空。

開花植物以花苞分佈均勻，花苞數多，且一部分已經綻放為佳。

枝幹健壯分枝多

若是花木類的有木質化的枝幹，挑選大原則就是植株要健壯，記得找主枝粗一點，且分枝多，樹型茂密的。

挑選花木要找主枝粗一點，且分枝多的。

花木類的以植株健壯分枝多、樹型茂密者為佳。

31

Lesson 2

我的環境適合種什麼

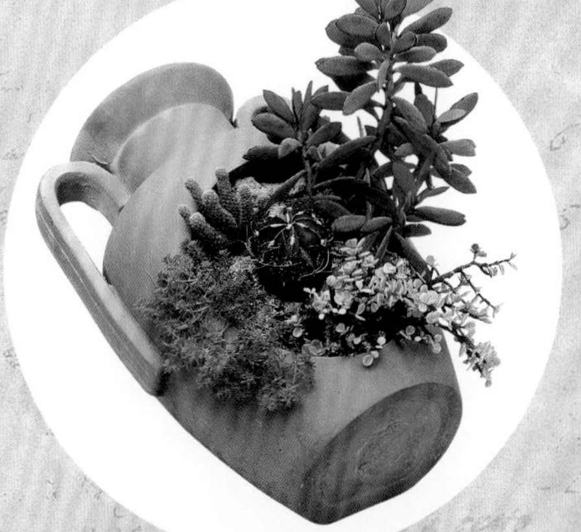

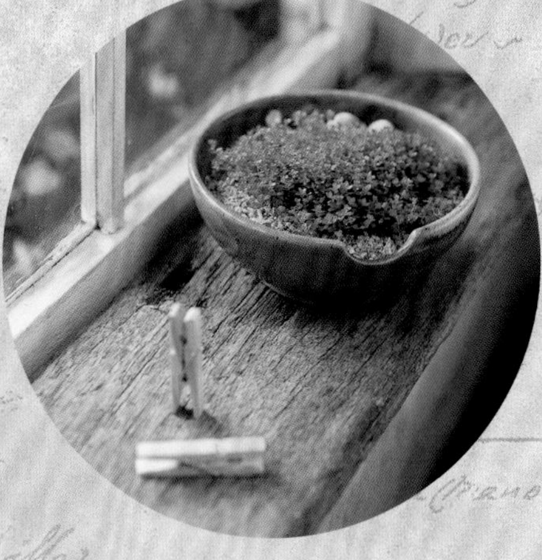

植物需要的生長條件

每種植物都有其需要的日照、溫度、水分，給它適合的環境，才能生得花紅葉綠。所以栽培植物之前，應該先初步了解，到底植物需要什麼樣的生長條件。

植物生長的必須條件

在了解植物要怎麼栽培之前，首先要知道植物生長最必須的條件。當然陽光、空氣、水是少不了的，可是要多少陽光、多少水份，這就是學問了。

走到戶外　認識植物生長環境

植物最需要的條件，就是陽光了。除了陽光，還需要空氣（通風）、溫濕度、水分等多重條件的配合，才能生長得健康又快樂。對於

想進入園藝世界的新手來説，上花市之前，不妨先走入戶外觀察植物。咦，這些植物明明就沒人照顧，但為何也長得不錯呢？其實只要環境條件良好，植物是很容易健健康康的。

觀察一下哪些植物是整個都在陽光下的？哪些是在樹蔭下？牆邊的植物又是在何時才曬得到陽光呢？亦可以進一步找出同種植物在不同地方的生長情形，這樣你會對植物需求的生長條件更加明瞭。

日照
是植物生長最重要的關鍵，因此日照程度決定家中的環境適合種什麼花。

溫度
植物自有其生長適溫，一般家中常見的植物大多為熱帶性植物，寒流須特別留意。

水分
有的植物耐旱，有的喜歡充足的水分，必須視植物習性調整。

介質
是植物生長的媒介，選擇適當的介質會讓植物更輕鬆。

日照

光線強弱分3等級

各種植物需要的光線強度與時間都不盡相同,因此一般依植物需求會將光線條件分成3種,也就是在園藝書籍上常看到的全日照、半日照及耐陰。
雖然植物最好擺到適合的光照條件下,但其實有的植物在不同日照條件下一樣可生長,只是可能會產生成長快或慢、開花變不開花、葉色葉形不同等差異。

全日照

指每日直射到植物上的日照時數大約6小時以上,簡單來說就是最好一整天都要曬到陽光。一般室外無遮陰處,或無大樓遮蔽的南向陽台,都可以有全日照的條件。

適合植物:

需要全日照的植物,亦稱為「陽性植物」,多數觀花植物、果樹,以及香草植物、水生植物、蔓藤植物、多肉植物等都需要全日照環境。

半日照

所謂的半日照是指將日照光線過濾一半強度,並非以日照時間來評估。地點通常是有遮蔭處的戶外如樹蔭下、北向或東向陽台,或被遮光的南向窗台,可照到較溫和陽光的地方。

適合植物:

許多室內開花植物如非洲菫這類,以及大部分的觀葉植物都適合半日照環境。部分觀花植物也都能種,只是花色可能會較不鮮艷,花量較少。

耐陰

也就是沒有日光直接照射,但不表示可以完全無光,而是仍須有足夠的光度,約在室內靠近窗戶附近,就可以有散射的陽光。也能夠使用人工照明來補充光線。

適合植物:

原則上不適合開花植物。但對陽光需求不大的觀葉植物,是可被忍受的耐陰環境。

空氣

植物也是會呼吸的,當它們在進行光合作用時,就需要空氣。但是,哪裡不都有空氣嗎?想想看,戶外跟辦公室都有空氣,但條件就不一樣了。所以,空氣這個條件我們可以想成空氣流通的程度。

絕大多數的植物都需要通風良好的環境。如何判斷通風是否良好,其實靠自己感受就行了,比起辦公室的空調,你是否覺得戶外舒適多了;同樣是陽台,陽台上方平台和地上女兒牆內的通風程度,你一定也能感覺差異。

在通風良好的情況下,植物較能順利生長,且不易產生病蟲害。不過,風太大也會對植物有害,像是高樓旁的強風處,或風扇空調的出口,都不是良好的通風處。

植物多需要通風良好的環境,即使種在室內的植物也一樣。

溫度濕度

植物有其適合生長的溫度,也會隨溫度升降自行調整適應,一般而言,植物的適溫是依原生環境不同,有的喜歡高溫,有的可耐低溫。基本上台灣四季溫差不大,沒有嚴寒酷暑,所以大部分植物還算能適應良好。不過,在夏季、冬季仍可能有過高、過低的溫度出現,以致溫帶植物可能熱衰竭,熱帶植物無法忍受冬季的凍傷,這時就要因應植物需求做溫度上的適應,幫忙越夏或越冬。

此外不同植物對乾濕需求也不一;來自熱帶雨林的植物,就喜歡較潮濕的環境,相對的來自沙漠,環境條件上就要乾燥一點。所以在較為乾旱或多雨潮濕的時節,也要注意植物是否適應良好。

植物對於溫、濕度自有其喜好。

居家環境適合種什麼

許多人種花會失敗，首先就是給它不適合的生長環境。基本上買植物不是隨自己喜歡，而是要先看自家的環境條件，再從中挑選適合的植物。

依栽培條件選適合植物

　　給植物合適的環境，是栽種成功的基本條件。也因此在選擇植物時，要先考量自己的栽培環境，看看光線、通風程度如何，再選擇適合這個條件的植物，不要看到花開得好美，買回去竟然放到不見天日的辦公室，或者讓耐陰的植物在太陽底下曝曬，這樣子種花當然容易失敗。

買植物前先考量自家環境

　　都會區多有公寓大樓環境，能種花草的地方就陽台、露台或頂樓而已，加上週邊還可能有大樓遮蔽，所以光線條件不一定良好。因此已經知道自家的光線、通風不好，那麼就應該選擇生命力強，且能夠忍受陰暗或短暫強烈日照的植物來照顧。

　　若還不知如何選植物，不妨逛逛家裡附近的街巷，看看鄰居的陽台、建築旁的花圃，都種了些什麼，尤其和你家同方向的陽台或庭園，如果他們家的花草長得不錯，就可以參考選擇同類型的植物。採買時也記得先問問老闆植物的需求，才不會選到不適合的。

很多人想種花在室內，但也得看室內的光線、通風條件為何，選到合適的植物才能達到綠化之效。

室內外條件及適合植物

·室內窗邊

光線條件：☼ ☼ ☼

室內靠窗處比起陽台，日照又少了一點，但還是算有光線照進來，因此可放置耐陰花卉、觀葉植物，以及僅短期觀賞的草花、花木植物，還有花季期間可搬進室內欣賞的球根植物等。

·室內離窗較遠處　光線條件：☼ ～ ☼ ☼

客廳角落的桌上或角落，可能跟窗戶有點距離，但又還有一點散射光線，最適合就是對光線不要求的觀葉植物、切花等。但過暗會使植物生長不良，部份植物如非洲堇、觀葉植物等可接受日光燈的人工光源補充光照量。

·室內無日照處　光線條件：✖

包括浴廁、廚房、無窗房間等幾無陽光、只有燈光照明的地方，不僅光線差，通風也可能不佳，僅適合極耐陰的觀葉植物，或擺擺純觀賞的切花，且定時要移到有間接光源處（如窗邊、陽台、騎樓、樹蔭下等）接受日照。
辦公室也多屬這類環境，可以擺耐陰的觀葉植物，但因不通風且乾燥，要注意水分補充。

·陽台

光線條件： ☀ ☀ ☀ ☀

陽台是都市裡普遍的種花位置，但陽台的方位，和附近大樓有無遮阻，都會影響其日照數。
一般來說，南向陽台較有充足日照，全日照的植物都可種植；而東、北向的陽光稍弱，適合半日照或耐陰植物。至於西向陽台因有強烈西曬，建議選擇好陽耐熱的植物。

·庭院、頂樓

光線條件： ☀ ☀ ☀ ☀ ☀

包括庭院、門口、露台或頂樓等戶外多是全日照環境，若有稍微遮到陽光倒不影響，但若有較長時間受附近大樓遮蔽陽光，或是樹蔭下，則屬半日照到全日照環境。
大部分草花、花木類、果樹、庭院樹木、香草植物、水生植物等，多需要陽光充足的環境。

1 庭院、頂樓　光線條件：☼ ☼ ☼ ☼ ☼

室外無遮陰處即屬全日照環境，大多數草花、花木、果樹等都能種。露台、頂樓也適合全日照植物，但要注意光線是否會受周圍大樓遮蔽。

種在戶外的半日照或耐陰植物，可以靠棚架或屋簷予以遮陰。

2 陽台　光線條件：☼ ☼ ☼ ☼

南向陽台日照充足，適合開花及蔓藤植物。若為窗台延伸屋外，陽光更佳。

東、北向的陽台光線較弱，觀葉植物是最好的選擇。

陽台女兒牆內的光線稍差，適合較耐陰的花卉及觀葉植物。

陽台屋簷長相對日照較差，適合耐陰的觀葉植物。若能掛吊盆也不佔空間。

3 室內窗邊 光線條件：☼ ☼ ☼

接近窗戶邊較明亮的地方，可讓光不強的觀葉植物生長。

若靠窗但原本窗外光線就弱，就得選擇耐陰性高的觀葉植物。

可放室內的耐陰花卉如非洲菫，亦需要擺於靠窗的明亮環境。

 4 室內離窗較遠處 光線條件：☼ ～ ☼ ☼

客廳離窗戶較遠的角落，仍可栽培極耐陰的觀葉植物。

逢涼季開花的球根植物，花期間可以放到室內觀賞。

室內開花植物非洲菫，可藉由人工照明補充光線。

 5 室內無日照處 光線條件：✕

浴室裡多有熱氣而不適合植物，但乾濕分離且較明亮的則可放觀葉植物。

可在人工光線下生長的觀葉植物，讓室內陰暗處也能有綠化效果。

插在水裡的切花，本就屬短期欣賞，即使室內有無光線都可擺來綠美化。

如何澆水不失敗

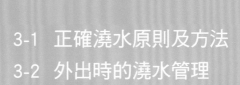

正確澆水原則及方法

澆水是照顧植物最重要的基礎，要看植物對水分的需要程度，給予適當的生長所需。知曉各種植栽對於水的需求，就能更輕鬆地與花草對話，達到事半功倍的效果。

植物何時要澆水

　　水是植物生長的要素，若未給予水分，會導致植株軟弱無力、生理循環不正常，甚至死亡。

　　為了要讓植物生長良好，水分管理上最好有乾→溼→乾→溼的週期變化，才能讓土壤中仍可有氣體流動。也因此並非一定要每天澆水，或固定澆水時間，而是要看個別植物對水分的需要。

乾→濕周期的奧妙

　　盆栽中的介質孔隙都存有空氣，澆水進去就會填滿介質中的空氣，待水分蒸散後空氣又才能進來；因此這種乾→濕→乾→濕的週期，就是為了讓植物的根部有呼吸的機會。通常介質乾濕的時間間隔，必須視植物的葉片厚薄，會影響水分蒸發的快慢；葉片愈薄澆水間隔愈短，反之則愈長。

澆水前先觀察盆土表面的顏色與乾燥程度。

觀察植物何時要澆水

1葉片垂軟

觀察葉片是否失去光澤，並且略有萎軟下垂的現象，就表示澆水不能再拖了。

2盆栽變輕

將整盆植物拿起來掂看看，當整盆植栽變輕時，就表示盆中水分減少，需要澆水。

3表土乾燥時

有時肉眼觀察不一定準，可食指插入土內兩個指節，感覺土乾了再澆水。

4種澆水方法

澆水是每天都會做的基礎動作，然而隨著植物種類的不同，或是栽種位置的影響，卻必須略為調整澆水的方式。配合不同的工具與不同的植物需求，常會運用到以下四種澆水方式。

澆灌式

直接將水澆灌於盆栽內，適合在室內施行，尤其花朵或葉面怕濕、容易腐爛的植物。

噴霧式

噴霧可以使葉子常保鮮綠，並且能降低葉面溫度，適合喜歡高濕度且葉片薄的觀葉植物。

淋浴式

適合在戶外施行，具有沖掉葉面灰塵的效果。因水壓較強，容易濺起泥土、沾污葉背，必須謹慎提防。大部分的室外植物都適合使用淋浴式澆水。

浸吸式

一旦盆土乾透之後，不易再快速吸水，讓盆栽浸於水中可讓泥炭類介質緩緩吸水，恢復濕潤，不過半小時吸飽水份就要倒掉。適用大部分盆栽，尤其缺水嚴重者。

掌握澆水大原則

每次澆水要充分澆透

每次澆水量沒有固定，而是看植物原本的保水程度。怎麼看呢？只要「充分澆透」就對了。當土壤水分飽和後，再繼續加水土壤也不吸收而會排出，所以可放心澆水直到盆底有水流出，且持續再澆時，流出的水量、速度和澆下去的相同就可以了，這樣土壤或介質才能吸足水份且完全濕透。不論盆器大小、植物種類、介質為何，澆水量的拿捏都是以此充分澆透為準則。

澆在盆土上、水由盆底流出。

到底要不要放水盤？

水盤的設計就是為了在充分澆透時，能承接排出水分，且有時若排水孔忘了加放格網、薄不織布或防止土壤流失的東西，盆土也會隨水流出造成髒污；基本上室內盆栽為保持居家清潔，放水盤是必要的，室外則可放可不放。

·盤內水分隨時倒掉

如果有底盤，最好在澆完水半小時後將多餘的水倒掉，以免植物根部因積水而腐爛，也防止蚊蟲孳生。

·加放發泡煉石

但若盆底有水氣是能幫助植物保濕的，建議可在盆與水盤間置放發泡煉石再加水，讓水氣滋潤植株，同時可防蚊子孳生。

等土吸飽水，水盤的水就要倒掉。

在盆與水盤間置放發泡煉石再加水，可以水氣滋潤植株，並防蚊子孳生。

早晨澆水最好

澆水最好的時機是在早晨陽光還不太烈的時候，這時若能充足澆水，等到陽光出來時，植物體就會啟動蒸散作用，將土中的水分由根部吸引向上，流通到植物莖葉的每一個部分。如果早上不方便，也可在前一天晚上先將盆栽澆透，或者黃昏也行。

避免正午澆水

澆水時最好避開正中午，這是因為水溫會隨著正午的炎熱而升高，甚至超過根群耐受度，反而會讓植物受傷。且留在葉上的水珠，會讓強烈日照透過水珠的凸透鏡效果，造成葉片灼傷，形成「日燒」現象。

當然若已呈萎凋植物，中午仍可澆水，只要先移至陰涼處，並直接澆於土上，或是放底盤讓盆栽吸水都可。

如果早上不方便澆，在前天晚上先將土壤澆溼也可以。

庭院澆水最好避開正中午。

室內植物澆水頻率會比室外植物來得低。

隨季節調整澆水

隨著季節的轉換，澆水方式也必須跟著調整，但大原則仍是土乾後再澆水。

夏季散熱快，需水量多，但仍要避開正午；土壤高溫時也不要澆以涼水。秋季天氣變化大，應格外注意日曬與濕度狀況，再機動調整澆水次數。

冬季則因需水量少，澆水次數也隨植物狀況減少，且勿太晚澆水，以免夜溫過低使植物受害；尤其寒流期間最好早上澆水。

澆水間隔室內外有別

每次澆水雖然都澆透了，但個別植物的水分蒸散狀況不一，間隔上只要等到下次土乾了再澆即可，不必天天或定時澆。一般來說，6吋盆的室內植物約間隔7天，室外植物則是1～2天。

澆於土面，避免澆到花葉

盆栽澆水最好將枝葉撥開直接澆至盆土，避免澆到花葉，因有些花葉遇水易腐爛，而葉片會有雨傘效應將水彈開，反而土中吸收不到。庭院則多用大面積灑水，但仍要避免怕水的花朵淋到。

不過對於一些喜潮溼的觀葉植物如山蘇、常春藤、鳳尾蕨（蕨類）等，葉片是可以噴水保濕的。

為避免花葉腐爛，澆水時注意最好將枝葉撥開再澆水。

噴霧不容易澆透土，且有些花沾水易爛。

嚴重缺水靠浸泡補救

如果植物呈現乾枯衰軟狀態，就得立即補充水分。但若用一般澆水，可能盆土都已過於乾燥不易吸水，這時就得用補救的方式。

STEP1 將盆栽整個泡水

可以將盆栽整個浸泡於大水盆或水池中，時間依盆土吸收水分的狀況而定，一般小盆栽約放5到10分鐘，中大型盆栽則可泡至約30分鐘以上。

STEP2 放於陰涼處，修剪受損葉

泡完水後的盆栽，要放於陰涼處，並修除已乾萎、受損的枝葉，減少水分養分的消耗，並降低病害感染機會，待長出新芽再移到原本環境即可。

澆水太過頻繁

　　如果澆了水葉片還是下垂萎軟，可取出根團看是否滴水潮濕的狀況。植物也有可能因為澆水太多或排水不良，使得土壤過於潮濕，嚴重時根部泡水無法呼吸，而致使植物腐爛。

已都有澆水了，但葉片還是垂軟，並有變黑腐爛的現象，那就是根部泡水、缺氧的證據。

最直接的判斷方法就是把植株從盆中連土取出來，太過潮濕的話土團還會滴水，就得先停止澆水。

特殊植物的澆水提醒

觀葉植物

• 保濕最重要

室內通風較差、濕度較高，加上適合室內的觀葉植物能適應陰暗環境，且生長較緩慢，因此不需常澆水，土表乾了再澆即可，每次都需澆透。另可不時朝葉片噴水保溼。

有些觀葉盆栽適合不時噴水保濕。

用棉花沾清水擦拭葉片，既可保濕，又能讓葉面光亮。

吊盆植物

• 水分流失快

吊盆植物水分易散失，更要注意保持水分。與一般盆栽無異，土表乾時即澆，也一樣要澆至盆底水流出為止。為免滴水亂濺造成困擾，可以到花市買長柄的澆水器，就能輕鬆完成澆水動作。

使用長柄澆水龍頭，不到省時省力，也能保持環境清潔。

多肉植物

• 避免澆到植株

有些表面有棉毛或白粉的植株，會因為吸水、水漬而影響了美觀，有的則會因為淋水的關係增加染病的機率，所以澆水時，要盡量避免澆到植物表面。

月兔耳的葉表有細毛，澆水時要避免澆到葉面上。

我該準備什麼樣的澆水器

　　市售的澆水器主要可依出水方式分為兩大類，一種是蓮蓬頭灑水式，通常在苗期植物生長尚未達茂密前使用；但是當植物生長茂密後，就必須選用另一種尖嘴式澆水，直接將水澆至培養土上，此種方式較省水，也可使葉片保持乾燥不易生病菌。

　　快來選一種最適合你的種花環境的水壺，讓花園裡的澆水工作，可以有效又快速的進行。

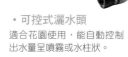

· 可控式灑水頭
適合花園使用，能自動控制出水量呈噴霧或水柱狀。

· 蓮蓬頭灑水壺
可整片灑水於植物上，尤其適合葉面澆水使用。

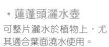

· 細嘴水壺
可避開花葉直接澆於盆栽土面，水也不會亂灑。

· 按壓式噴水壺
按壓就能噴水，很普遍的家用噴水器。

· 氣壓式噴水壺
能將水分以噴霧狀形態噴灑出來，施肥或噴藥時常用得到。

外出時的澆水管理

長假來臨，想要出遠門，卻又掛念花花草草會枯死。

除了選購適合的自動澆水系統商品，

還有其他簡便的方法可預先為盆花保留水分，

讓你可以沒有負擔出遠門呢！

外出不擔心的澆水方法

　　長期外出，室內植物較不需擔心水分問題，然而種於戶外或陽台的植物就比較困難。因為室外一般均為開花植物或陽性植物，移至較暗的地方就會落花、落葉，甚至死亡，因此較難搬入室內。因此當要出遠門時，最困難的就是必須同時解決水分及光照，這裡就教你自製可以讓盆栽持續吸水的水分設計。

加裝棉線吸水

在盆內裝設棉線，並讓棉線伸入水中，只要確保水量充足，植物就會透過棉線緩慢但均勻地吸收水分。（製作步驟請看P.89）

雙層盆浸水砂設計

利用多套一個盆子，裡面裝滿可吸水保水的砂，也是不用擔心澆水的好方法。（製作步驟請看P.90）

花盆放入水盤內

準備大淺盆，將盆栽分類放入，依盆子大小及開花、灌木植物分開放，最後將盆栽澆水並使淺盆中水分淹至三分之一深（水的深度依出門時間調整，最多不要超過一半），如此作法對於未開花的植物不成問題，然而對於一些較不耐淹水的草花，可能會落花。因此，當回到家中，應該先將植栽充分澆水，再將盆底水盤的水倒掉，儘速將盆栽放回通風的地方，以恢復生長。

裝設控水滴頭

市面上也有售一些簡易的滴水設施，只要拿普通的寶特瓶，裝上控水滴頭，就可自動緩慢地幫你滴水，持續讓土壤保濕。

省時保水的創意花器

其實市面上是找得到針對水份管理的特殊設計花盆，原理多半是運用雙層疊盆，透過棉布品的毛細吸水效果，讓植物自行將水分由下方吸取上去，因此不必再緊張澆水了沒，只要注意盆底是否水分充足即可。

省水環保花器

陶藝家麥傳亮發明。採雙層設計，底盆能儲放4公升的水，藉由幫浦氣囊提供均勻地灑水，多餘水分還可留回底盆循環使用，一次加滿水可約使用2、3個月免加水。

透過按壓幫浦即可方便澆水。

盆底棉線可吸水。

美奇盆

由詹定田發明，雙層盆設計，利用棉片毛細現象，讓植物自動吸取所需水量，土壤濕度會比一般澆水還均勻穩定。且利用生物技術讓布中有植物所需的微量元素，還能中和臭味。

下盆裝水，隔版穿入棉片用來吸水。

將上盆放在孔架，盆底放棉片後再放入。

自動澆灌設施

　　市面上的園藝資材店，有不少適合家用的自動澆水裝置，如果使用得當，就可免除時時澆水的麻煩。尤其當你的庭園、陽台或頂樓面積較大時，不但省時、省力，花卉植物得到了穩定的供水，即使偶爾出遠門數十天，也可以常保植物綠意盎然。選購之前，預先確實瞭解需要使用自動澆水裝置的面積與盆栽數量、大小，最好畫張簡圖，方便與業者討論。若認為還是委託業者較為妥當，那就酌付施工費用，獲得保固優惠，也是很好的選擇。

簡易自動澆水系統DIY（世華全自動澆花系統）

材料：迫緊接頭、防水蓋、細管接頭

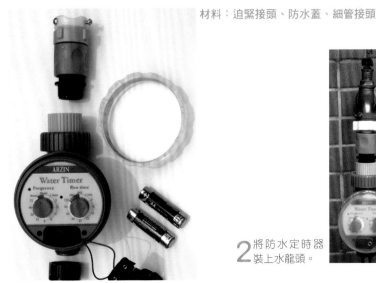

2 將防水定時器裝上水龍頭。

1 需先將定時器裝上2顆3號電池，一端進水口接上迫緊接頭，另一端出水口接上細管接頭。

3 細管接頭需接上小水管。

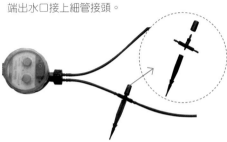

5 依照實際需要，以小水管連接多組滴架。

6 小水管末端需連接一組有止水噴頭的滴架。

4 依照實際需要長度，裁剪小水管並接上一組滴架，將滴架插入花盆的盆土內或苗圃的土壤中，需固定穩妥。

哪一種介質比較適合

常用的介質

介質是提供植物養分及生長環境的主要條件，
但市面上的介質這麼多，該怎麼用呢？
就讓我們先來看看市面上有哪些常用的介質和其特性，
才能依照植物搭配出最適合的環境。

用土必備的**基礎觀念**

介質是什麼？培養土又是什麼呢？

廣義介質指的是任何能拿來栽花的材料，不論是有機的泥炭土、水苔、蛇木屑及樹皮，或是無機的蛭石、珍珠石、發泡煉石等，都能當介質。土壤算是介質的一種！而培養土則是用兩種以上不同的介質混合成的介質。

用對介質，植物輕輕鬆鬆讓您栽

種花是用培養土好？還是土壤好？其實大多數的植物對介質都有很大的適應性，只要依照栽培環境與個人習慣，把握所使用的介質兼備保水、保肥性，及排水、透氣性佳兩大原則即可，一般可選購市售調配好的培養土，再依個人的澆水習慣調整培養土特性。例如新手們喜

愛澆水，所使用的介質要外加些珍珠石、蛇木屑等大顆粒的介質，增加排水及透氣性，但如工作較忙碌，無法有多餘的時間管理花木，那介質中要外加如泥炭土、水苔、壤土等，提高介質的保水能力。

植物最愛保肥、保水、通氣好、排水佳的介質

花要長得好，適得其所很重要。雖然每種植物都有它最喜歡的土質，例如仙人掌喜歡疏鬆排水良好的砂土，彩葉芋喜歡較黏的壤土，粗肋草喜歡排水良好的砂質壤土或培養土等等，不過總體來說多數植物都喜歡兼具保肥、保水、通氣好、排水佳等特性的栽培介質。

用土工具

· 手鏟
一般鏟取介質用，鏟面比較寬廣。

· 雙頭鋤
用來挖鬆較硬的介質用。

· 耙子
僅供翻鬆土壤，或淺層清理草坪或土壤上的樹葉。

· 圓鍬
較大型鏟子，適合庭園使用。

· 鋸齒狀鏟子
鏟面細長，鋸齒狀邊緣有利於切斷土裡糾結的根系，方便局部挖取植物。

· 盛土器
盛土用，有分大小，材質有鋼製及塑膠，有些還會附篩網。

常用的**介質**

　　栽培介質可分為土壤與無土介質。土壤來自天然,世界各地土質各有不同。無土介質則是非土壤類介質,如:泥炭苔、水苔、蛇木、發泡煉石、珍珠石、蛭石等等。

土壤

‧壤土

排水透氣:佳
保水保肥:佳

土團中的孔隙多,不僅透氣性良好,也容易保存水分,且本身重量也重,是極適合栽培用的土壤。

‧黏土

排水透氣:差
保水保肥:佳

水田或河中泥灘的黑泥屬於黏土,保水和保肥力極佳,但相對地排水力就較差。

‧砂土

排水透氣:佳
保水保肥:差

多取自溪河邊,質鬆量重、排水力佳,但保水、保肥力就差,可混合土壤中做排水透氣調整。

無土介質

‧培養土

排水透氣:佳　　保水保肥:佳

市售培養土通常會在以泥炭土或椰纖為主的介質中混入排水、透氣的介質及肥料,但成分比例各廠牌不同,除了通用型的培養土,也有專為特殊植物調製的配方。

‧泥炭土　排水透氣:佳　保水保肥:佳

是溫帶地區濕地或沼地的蘚苔類及藻類長期堆積腐化而成,保肥及保水力強,且富含有機質,質地鬆軟,適合大部分植物使用。唯其質地輕,若栽種中大型需混合土壤增加重量,否則易倒塌。且再濕性很差,如果全乾後再澆水時,最好多澆幾次確保盆土徹底澆濕。

植物性介質

· 椰纖

即椰子的纖維，是椰子殼經過細碎加工所製成的，具有良好的排水、通氣效果，但保水力就稍差。

· 蛇木屑

取自筆筒樹的氣根及枝幹，具良好通氣、排水及保水性，粗的適合蘭花，細的可混合其他介質用。

· 水苔

為生長在水邊的苔類，經採集曬乾後而成，富含纖維素，保水性強，最適合蘭花及高級觀葉植物栽培。

非土介質

· 蛭石

為雲母礦石經高溫處理燒製而成，質輕清潔無菌，且保水、排水、保肥及通氣性均佳，呈微酸性。

· 發泡煉石

高溫燒製而成的多孔隙石礫狀產品，具良好保水和通氣性，無菌、無臭，可助排水用。

· 珍珠石

多孔隙白色顆粒狀，由天然石灰岩高溫燒製而成，清潔無菌，通氣、排水性良好，質地輕。

· 陶瓷顆粒

以特殊黏土為原料燒製而成，毛細孔豐富，只要加水就能產生充分的吸收及保溼效果。

· 陶土石礫

透水性及透氣性都很好，很適合種植仙人掌類，或較為敏感的如金錢樹等植物。

· 魔術晶凍

這種合成介質本身含有水分及養分，且有多種色彩，可以使用各色晶棟層疊起來，製造混搭的效果。

選配最適合的介質

有些植物喜歡排水又透氣的介質，有些則喜歡含水高的，所以在了解了各種介質的特性後，還要知道你的植物喜歡什麼環境，才能為它們搭配最適合的介質。

介質怎麼配

　　植物的介質環境，就是提供養分來源的土壤層，但跟土地比較起來，花盆的固定空間會讓水分不易順暢排流，且養分的供應也受限，所以才會添加有助透氣、排水的無土介質，以及增加肥力的肥料。簡單而言，我們可以從以下3點來準備所需要的介質。

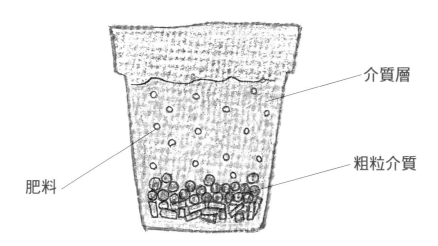

介質層

粗粒介質

肥料

介質層

介質層是植物根系生長的基礎環境，可以依照植物栽培的位置，選擇適合的介質，例如室內植物建議使用無土介質所調配的培養土，質地較輕且好清潔。戶外栽培則建議使用土壤為主的介質，取其支撐力足夠與保水力強的優點。

粗粒介質

大部分植物根部不能浸水，否則容易爛根；粗粒介質因孔隙較大，能夠促進盆栽內水分的排除，也增進空氣從盆底的洞進出，營造出排水、通氣良好的環境。一般多使用在土壤較緊實的中大型盆栽，能幫助隔離土層中過多的水量。

肥料

土壤也需調整酸鹼值及營養素。當土壤中肥力較缺乏時，可混入已發酵完全的有機肥幫助土壤改良。若土壤偏酸性（如黏土）還可添加石灰或碳化稻穀等偏鹼性材料，來中和酸鹼值。其中碳化稻穀也可當有機肥使用。

如何選擇包裝培養土

通常會使用到土壤介質的機會，大多數是在換盆時，但植物的栽培介質選項非常多，對於園藝工作還很陌生的你，先別擔心到底發泡煉石、珍珠石、蛇木屑這些要怎麼使用添加？建議種花新手們可以先從最基本的培養土使用起，再慢慢依種植花木，調配更適合它們的介質內容。

不同介質各有特性，適合的植物也不一樣。

市售培養土多已混合泥炭土及其他有機質。

留意通氣與保水性產品標示

目前市面上見到的包裝培養土多為國內自行製造的，除以泥炭土、椰纖等進口介質為基質外，有的還會添加一些自行生產的有機肥。另也有進口的培養土，由於進口時需進行申報檢疫，因此不含病蟲害及雜草種子，較為乾淨。

選購上首先建議不要購買散裝的培養土，最好選擇較有誠信的廠牌；其次就是注意產品標示，由標示中也可以大略判斷培養土的保水性及通氣性等特性，如含有椰纖、碳化稻殼、蛇木屑等較為通氣，含有泥炭土、蛭石等較為保水。

部分培養土會標示多少時間內不要施肥，可能表示培養土中已經添加有機肥，使用時不要再加肥料。

一般培養土適合中、小型盆栽

輕量的培養土適合栽培中、小型盆栽或吊盆，當使用於大型盆栽時則會因為太輕而無法固定，因此栽培大型植栽時最好能混合一些天然壤土或砂土，但使用量不可超過介質總量的1/3，否則會使培養土過早硬化而使植株生長不良，同時植栽表面最好以乾淨的培養土覆蓋，以免長雜草。

依季節乾濕程度選用

在使用培養土的當時，如果是較為乾旱的時節，可使用保濕性較好的培養土，如泥炭土含量高者，或有添加保水介質的；若是陰濕的冬春，則不妨選有混入椰纖或珍珠石的，較為透氣的培養土。

有些配方的培養土可直接挖洞栽培植物。

🔧 培養土v.s土壤，要用哪一種？

對於園藝新手而言，植物盆栽的介質到底要用培養土好，還是天然的土壤好呢？這兩者又有何差異？其實，大多數的植物對於介質都有很大的適應性，因此要選用培養土或是土壤，可視以下的訣竅，作為判別的依據。

🌿 1.盆栽擺放位置

通常放在室內的植物，會建議使用培養土，是因為培養土質輕且較排水透氣，也比較不會吸引害蟲，能夠維持較佳的衛生條件。而戶外植物因必須接受較嚴苛的氣候條件，使用土壤能夠提供足夠的重量來支撐，也有保水、保肥性強的優點。

🌿 2.個人栽培習慣

培養土與土壤的優缺點不同；一般來說，培養土的質地輕便，通氣性與排水性佳，相對的要時時注意水分供給，適合有充裕時間照料植物的人。

反之，若沒有太多餘暇可照顧植物，使用保水、保肥性較佳的土壤會比較輕鬆。

特殊植物的**介質調配示範**

多肉植物

排水良好最重要

　　多肉植物多生長在砂質壤土或礫石地上，因此在園藝栽培下，也最需要排水順暢、通氣佳的環境。

　　栽培介質可選用砂質壤土、泥炭土或市售培養土。介質使用前可先篩去粉末狀的細小顆粒，以免導致排水及透氣不良；再加入顆粒狀的介質如珍珠石、發泡煉石等改善通氣與排水。不論使用那種材料，最重要的就是要保持潔淨。當中也可加入適量低氮高磷鉀的肥料做為基肥。

▌【專家的介質調配TIPS】

・多肉植物的介質比例通則為泥炭土：粗粒介質：粗砂＝3：1：1

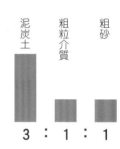

泥炭土　　粗粒介質　　粗砂

3：1：1

・如果是生長緩慢，根部比較怕水的品種，可以粗砂為主，再搭配其他介質。
　介質比例可用粗砂：粗粒介質：顆粒土：泥炭土＝6：1：2：1

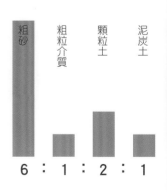

每次栽種盆栽或是播種、扦插時，為避免傳染病蟲害，最好使用全新的栽培介質。

多肉植物用於組合盆栽時，也可以嘗試其他顆粒狀介質做栽培。

粗砂　　粗粒介質　　顆粒土　　泥炭土

6：1：2：1

食蟲植物

介質不壓緊以保通氣

　　生長於熱帶的食蟲植物如豬籠草、毛氈苔、捕蠅草等，喜歡通氣但保濕的介質，通常從花市買回來後就要換盆。除了主要的泥炭土外，最常見的還有水苔，也可用椰纖或水草用的矽砂來栽培，但記得介質不要壓緊才有助通氣。

▌水苔栽植法（豬籠草）

1 把豬籠草從盆子中取出，放到水裡清除一些雜根。

2 將水苔泡濕再包裹住豬籠草土球。

3 新的盆子放進水苔約一半。

4 再將豬籠草放進盆中，不要塞緊，保持鬆鬆即可。

示範@徐永銓

▌泥炭土栽植法（豬籠草）

1 培養土放進水裡浸溼。

2 陸續加入各個介質混合均勻。

3 所有介質混勻之後，放進新盆器中。

4 豬籠草輕輕放入盆中，不要壓太緊。

5 換上新盆的豬籠草。

示範@徐永銓

蕨類

保濕透氣最佳

　　蕨類喜歡潮溼的環境，因此介質上若能鋪蓋水苔或苔蘚類便能吸收水分、保持土壤濕度，也能兼具美觀的作用。此外土壤介質還要掌握透氣原則，一般多採用腐植土混合砂質土和蛇木屑的配方，也可直接用培養土。

▌水苔保溼栽培法

材料：蕨類、礫石、培養土、蛇木屑、水苔、不織布、3吋盆

1 在盆底置入蛇木屑。

2 加入培養土。

3 植入植株。

4 以溼水苔覆蓋土表，保持土壤溼度。

5 完成。

示範＠彭勝瑜

▌透氣栽培法

1 將礫石置於盆底，增加透氣性。

2 鋪上薄的不織布，可防止泥土流失。

3 然後加入培養土，厚度不必太高。

4 植入植株，淺植即可。

5 土表以蛇木屑覆蓋，可避免澆水時泥土濺出。

6 完成。

示範＠彭勝瑜

土壤介質使用 Q&A

Q 盆栽的表土上長黴菌了怎麼辦？

A 首先要觀察是何種原因造成發黴再對症改善。

1.避免潮濕環境

栽培環境太潮濕、陰暗，且介質中含有機物就有可能長出黴菌，只要將盆栽移至日照充足且通風處，並減少澆水，土乾了再澆，應會有所改善。

2.換掉不潔土壤

如果培養土中留存有一些雜菌，就容易長出菌類或黴菌，應停用並更換培養土，或曝曬陽光下進行殺菌。

3.停用未完全發酵有機肥

若施用的有機肥未完全發酵，會讓有機肥內的菌類在培養土中持續生長。可將有機肥堆置，等到發酵完全後再使用。

如果盆土不潔而致使長黴菌，可換新的培養土。

Q 換盆後的廢土可以再使用嗎？

A 用過的培養土只要經過殺菌仍可使用，不然丟掉就太浪費土地資源囉。

用曝曬法殺菌

最簡易的方法就是曝曬。只要將土壤鋪在大太陽底下曬約3～5天，或可將培養土稍微濕潤，放入黑色塑膠袋並封綁，曬個3週以上即可。陽光較弱的冬天或陰天可酌加天數。由於袋子吸熱後，袋內溼氣會變成熱的水蒸氣，消毒效果更強。

但舊土可能會有土壤風化或流失而減少的情形，因此可與新培養土或泥炭土1：1混合，並可視需求添加排水性介質。

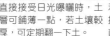

直接接受日光曝曬時，土層可鋪薄一點，若土壤較厚，可定期翻一下土。

利用黑塑膠袋裝舊土，再接受日光曝曬，可達到殺菌效果。

介質也能當裝飾

有些介質不一定是混合在土中，反而是拿來鋪在土表，讓盆栽更美觀。對於水耕植物來講，配合不同的介質，更有裝飾性的效果。

綠苔，盆栽吹起自然風

　　想要讓盆栽更綠意盎然，不妨使用苔蘚類植物覆於土表，它們綠油油、毛茸茸的質感，像極了森林的綠地毯，會讓盆栽更有野生之趣。需要保溼環境的蕨類、可水耕的觀葉及球根植物、水生植物，還有木本植物等，都適合覆上綠苔營造自然氣息。

新鮮水苔

青苔

染色乾燥苔

水仙綠苔盆栽

　　將水仙連土團放入盆器，加入能涵水的發泡煉石，再覆上青苔，翠綠的樣子彷若山林一角的縮影。

1

2

3

設計◎曾淑琳

點綴土表的介質

　　為了點綴土表，可以在盆栽表層鋪上一層較重的介質，通常是使用細粒砂及石子類。其最大優點就是可以覆蓋掉黑黑的土面，讓盆栽更為美觀，在仙人掌與多肉植物、觀葉植物上最常運用。此外還可防止澆水時盆土被沖散，但缺點則是無法目測盆土是否乾了。

設計@趙仕燦

綠色玻璃石讓盆栽更具喜氣。

設計@曾淑琳

麥飯石還有濾淨水質之效。

設計@許杰

設計@曾淑琳

黃水晶鋪面可增好運。

可搭配飾品做造景。

點綴用的介質能讓組合盆栽更具整體感。

盆面及水耕用裝飾性介質

貝殼砂

珊瑚砂

麥飯石

彩玉石

裝飾介質

可供水耕的水生植物及觀葉植物，只要一只透明瓶罐，就能欣賞植物最清爽的模樣。若嫌只有綠色太單調，其實還可運用各色砂、石類的介質，豐富你的盆栽景觀。此外也有一些專供水耕植物使用的特殊開發介質，大多質地疏鬆且保水保濕，並有多種顏色供你搭配。

水耕植物適合用各色石子增添色彩。

透過玻璃瓶更能玩賞介質的型色。

特殊開發的保濕性介質多具有豐富色彩。

水生植物做造景時，配上滿滿細砂還能固定植物位置。

霓虹石	琉璃砂	玻璃石	黃玉石	粉水晶	彩色砂

何時該換盆

了解什麼是換盆

眼見買回來的小盆栽愈來愈茂密，
先別光顧著高興，也想想它們的根系可能空間不夠，
是否該換個大點的窩了。
這就是換盆作業前必要的知識。

為何盆栽要換盆？

就像人們長大衣服穿不下了一樣，當植株變大時，原有的盆器空間也會造成侷限，不僅根系無法伸展，盆土中的養分也會隨著耗盡，無法再供植物攝取。

植物的根系與枝葉是密不可分的。為了使植物的枝葉健康茁壯，就必須提供根系充分的「伸展空間」與「養分供給」。因此想照顧好植物，換盆和換土，是栽培植物很重要的手續。

換土能讓植物有更多養分可攝取。

換盆或換土有何不同？

雖然換盆和換土有些異曲的地方，但仍有其方法上的差
換盆主要是指小盆換大盆，而換土則是不更換盆器，僅更新內土壤，多用於大盆植栽。

如果植物枝葉已超出盆緣許多，就可取出根團檢查根系了。

當生長空間不足時，就該幫植物換個大盆了。

 觀察盆栽何時要換盆？

1.根系已由盆底的排水孔長出

當植物的根系在盆器內長滿、充塞，以致形成一團網狀根系，或自盆底的排水孔長出根時，顯示盆內已無充分空間供植物根系生長，就表示該換盆了！

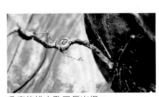
盆底的排水孔已長出根。

2.澆水時水不易滲入土裡

如果你發現澆水時水不易滲入土裡，甚至直接由盆土表面流掉，就表示盆土土壤已太過緊密，易造成通氣性不佳，影響植物根系呼吸和伸展，這時就表示植物需要換盆、換土了。

土表容易積水，就表示土壤已太過緊密。　換盆前可先觀察植物的根系是否滿密。

3.植株容易缺水

如果天天都有澆水，植株卻老是呈現缺水的狀態，就要注意枝葉是否過於茂盛，容易導致土壤涵水性不足以供應植物吸收。也會造成植物的外觀比例怪異、頭重腳輕的情形，不甚美觀。

換盆要準備的材料

• 盆器
比原盆大一號的盆器，比如3吋盆換4吋盆；4吋盆換5吋盆。

• 排水介質
視植物需求準備顆粒較大的煉石、礫石、碎瓦片或木炭、保麗龍；可幫助植物根系的氣體交換及盆器排水。

• 栽培介質
事先調製好適合的栽培介質與土壤。

• 肥料
混入介質中提供養份。

• 美工刀
若有需要順便分株時可使用。

• 剪刀
用來剪除老化的根系、枝葉及花朵。

• 紗網或薄不織布、塑膠麻布袋
鋪於盆底，防止昆蟲由盆底侵入或介質流出。

換盆使用最普遍－塑膠盆及陶盆

最普遍的換盆盆器就是塑膠盆及素燒陶盆了。塑膠盆最大的好處就是輕便保水，且價位便宜。陶盆的排水性較好，適合需要通氣排水環境的植物，但相對水分蒸散也比塑膠盆快，若在日照強烈、風勢較大之環境下，要多注意水分供給是否充足。

塑膠盆

陶盆

圖中同時間種植的台灣百合幼苗，因為兩種盆器保水力不同，塑膠盆內（右）的明顯長得比陶盆（左）裡的好。

換盆還可選擇哪些盆器？

如果想讓你的植物在空間裡更搶眼，那不妨選個具有裝飾效果的盆器。盆器的材質、造型眾多，雖然可隨個人喜好選取，但挑選上仍有訣竅：

1.室外或室內用？

室內幾乎任何花器都可用，但若放於室外，一定要有排水口以免下雨積水，材質上也要能耐得住日曬雨淋才行。

2.盆底要不要開口？

盆底有開口才方便排水，並能在澆水時觀察水分夠了沒。若盆器底座和地面有點距離，排水會更順暢。底部無口的，則要依植物需求控制好澆水量。

3.盆器要多大？

盆器體積大小之於植物，有點像衣服之於人的概念，如果換用過大的盆，容易讓植物根系細長卻不旺盛，反而使其生長不良。最好選用直徑比原盆大1.2～1.5倍的盆器即可。

・玻璃

・椰殼加工品

・陶瓷器

・石器

・塑膠

・木器

・蛇木

基礎換盆移植作業
STEP BY STEP

換盆看似簡單，但仍有許多作業技巧要掌握，否則也不會有許多換盆後植物反而更衰弱的案例。學好換盆秘訣，你的植物會更健康。

原盆換土

當植物長大又不想換盆時

對於種植空間有限，不方便使用太大盆器；或原本就已經種植在較大盆器裡的植物，可以使用原盆換土。換土的植株需進行根系與枝葉的修剪，若剪去1/3的老化根系，則枝葉也應配合根部剪去不良枝、壞枝、枯枝等約1/3，以1：1程度做為地上及地下部的修剪準則。

原盆換土 step by step（火鶴花）

1 換土前的火鶴花盆栽空間有點不夠。

2 從盆裡取出火鶴花。

3 用手輕輕的鬆開根系與土團。

4 剪去約1/3～1/2的根系。

5 植株的下位葉通常已不太能製造養分，因此也要剪去。

6 配合根系修剪，同樣剪去1/3～1/2地上部枝葉。

7 常使用化學肥料，易在盆土表面及周圍累積鹽類，須清洗乾淨後再重新使用盆器。

8 原盆內裝一些新土，將植株置入後填滿培養土並壓實。

示範＠梁群健

小盆換大盆

通常我們從花市買回的盆栽，不管是3吋黑軟盆或較大的塑膠盆，裡面的植株通常都已經頗大，因此買回家後即可進行換盆。家裡一些種植多時，根系已從盆底長出，或枝葉生長已超出盆緣太多者，也應該進行換盆。

小盆換大盆 step by step（紫嬌花）

1 花市買回來的紫嬌花，植株已大，軟盆空間根本不夠。

2 一手整個抓住植株基部，一手拖住盆底將植株取出。

3 用手輕輕鬆開根系與舊土。

4 用剪刀剪除老化的根系與枝葉。

5 剪取一塊適當大小的紗網或塑膠麻布置於新盆盆底。

6 加入一層顆粒較大的煉石或礫石。

7 加入約盆身1/3高度、已事先混合好的栽培介質。

8 添加肥料，並將其與介質充分混合。

9 一手托住植株基部，一手慢慢加入介質。

10 用手輕壓介質，讓植株穩固，並使介質與根系密合。

11 持續填土至盆器標準線後，即可替植株澆水。

12 換盆完成。

示範＠梁群健

84

特殊植物的換盆作業

▊ 中大型盆栽（杜鵑）

　　雖然換盆作業一樣，但中大型的花木類盆栽常會遇到脫盆困難的問題，需要用點力道才能順利脫盆。

1 將大型盆栽橫倒用腳用力踩，以身體的力氣讓土、盆脫離。

2 脫盆後應剪除盤繞土球的根。

3 新盆內先加土，再將植株連土球植入。

▊ 蘭花換盆（嘉德麗雅蘭）

　　蘭花使用的多為水苔或蛇木屑等輕量介質，因此換盆重點除了舊的介質都要剝除，移植時也要將介質壓緊，否則植株易倒。

1 準備蘭株、蛇木屑、盆側挖空的陶盆（因蘭株本身較重，選用陶盆較穩）。

2 把舊材料剝除，搓掉枯根。

3 分株，至少要三枝莖或以上。

4 把蛇木屑放盆內，約佔盆子一半，用手扗住。

5 植入蘭株，新莖向盆心，舊莖向盆緣，讓蘭株偏一邊。填進蛇木屑，用力壓緊。

6 植好的蘭株必須提起時不會離盆掉落。

示範＠陳坤燦

叢生性或地下莖發達植物（非洲菫）

　　部分叢生性（如香茅、細香蔥）或地下莖、側莖發達的植株，可以在換盆的時候順道進行分株動作。不僅更新植物的活力，還可以額外獲得更多盆栽。

1 非洲菫長得過於茂密，可以分株到不同盆器中，所以不是準備大盆，而是要準備多個小盆。

2 非洲菫枝幹較脆弱，從盆裡取出時不要太用力。

3 使用美工刀將橫生的側莖切開。

4 將新生的小苗從母株分離出來。

5 摘除下位葉，並剪去所有花朵（避免生根前徒耗養分）。

6 保留小苗主幹約兩公分，以利種植進土中並長根。

7 將新生的小苗從母株分離出來。

示範＠梁群健

多肉植物

當仙人掌及多肉植物長到超過盆緣時，就可換盆了。作業重點是要用全新的介質，且老根需剪除並放到傷口乾燥，否則易感染病蟲害。

1 將植株自舊盆中取出，儘量抖掉舊土，檢查根部是否感染病蟲害；多肉植物則需要摘除枯葉、老葉等。

2 剪掉部分老根，只需留下1～2公分長的根部；並將植株置於陰涼通風的處所，放到傷口乾了。

3 移植時，培養土可以略為超過根部，切記不可以深植。選用新的培養土以及排水良好的盆器。

4 移植時，如果正值夏季，則必須予以遮陰。栽種後即給水，需一次澆透。

換盆不失敗TIPS

換盆時機

• 每1、2年換盆一次為宜
已長大成型的植株，每1、2年應換盆一次。但記得每次使用盆器比原盆直徑大1.2～1.5倍即可，不要想省事而換過大的盆器。

• 春、秋兩季最適合
若從多數植物的生長特性來看，春、秋兩季和夜晚、陰天，是最適宜換盆或換土的時機。不過，也有例外的部分，如落葉樹種可以趁著冬季的休眠期間，熱帶植物適合在生長強勢的夏季，換盆的存活率都較好。

換盆作業要點

• 填土高度參考盆器標準線
多數盆器在設計時都會將適當的填土高度標示出來。

• 剝鬆根部，有利新根生長
換盆時若能輕輕剝鬆根部，有助未來新根的發達。

• 修剪糾結根系
取出土團時，如果根系糾結，即可剪除外側根團，能減少水分散失，並給予刺激促進新生根系。但並非所有植物都適合，若植株不健康、根系不強盛的，修剪根團後也許會讓生長勢更衰弱。

換盆後養護

• 一般換完即需充分澆水
換盆、換土後的盆栽，需要充分澆水至水從盆底流出。但是多肉植物與具有肉質根的蘭花，得等幾天後才能澆水。

• 先放置在陰涼處
換盆後要先放置在非陽光直射的陰涼處，待新葉生出或展開後再移到原來適合的地方。

• 恢復生長後才施肥
剛換盆完的植栽不要馬上施肥，一來新土中有時已加入基肥，再者若過程中根系受損，就容易造成肥傷，最好等植物恢復生長後，再持續施用追肥，補充養分。

特殊的換盆方式

　　換盆就像讓植物搬進一個新家,這個新家除了提供更多的空間及養分,其實還能幫忙添個加濕器,讓盆栽自行吸取水分。即使無法天天觀察、澆水也不必太擔心。尤其適合室內植物。

棉線吸水法(非洲菫)

1 準備25到30公分毛線(盆子愈大毛線要更長)、花盆、介質、鑷子、湯匙、附蓋子的免洗餐碗。

2 將可分株的非洲菫從盆中取出。

3 仔細分出幼株與母葉。

4 從花盆底部的空隙穿入毛線,出盆口線頭用手壓住。

5 把介質填入花盆中並稍壓實,記得壓好線頭勿溜掉。

6 用鑷子在花盆中央挖出小凹洞種入幼苗。

7 從花盆下方慢慢抽出毛線,直到線頭剛好沒入土中。

8 碗內放入六、七分滿的水,把盆底毛線完全塞入碗蓋洞中即完成。

示範@方永慶

　　這種方法可以讓盆栽透過棉線穩定吸水,根部也能呼吸到空氣,幾乎兩個月不澆水也沒問題。
但由於自底部吸水鹽分不易排出,最好定期換盆以免積鹽。

隔溫栽培法

致力研究土壤及水分管理的楊策群教授，為了解決非洲堇容易爛根與怕熱的問題，建議可使用隔溫栽培法。
用雙層盆與砂讓根系可以呼吸又能保水，即使經常澆水或幾天才澆都沒關係。

1 準備非洲堇、大小陶盆各一（直徑13公分標準盆及21公分碗盆）、建築用砂、介質、樹皮和發泡煉石。

2 把樹皮放入標準盆底部。

3 再放入發泡煉石後，接著放入薄薄一層介質和些許的砂。

4 把非洲堇先除去下部三分之一的原土，再種入標準盆中，補入介質到八分滿，再蓋上一層砂。

5 把標準盆放入碗盆裡。

6 在兩個陶盆之間填入砂約八、九分滿。

7 澆水在內盆裡，一次澆透。只要外層的砂沒有完全濕，一天澆上幾次，或是幾天才澆一次都無妨。

示範＠楊策群

從盆栽移植土地

盆栽地植V.S.地植移盆

換盆是因為植物現有的生長空間不夠了，才需要更大的容器，但對於體積大、根群廣的木本類樹木來說，即使是再大的盆器，也可能不夠用，也因此這些植物多半會移植到生長空間更寬闊的土地上。另一種狀況，則是將原本種在土地上的花木，移植到容器內來栽種，兩種情況雖然都是移植的技巧，卻會因目的地不同而有相異的步驟。

地植移盆TIPS

1.植物移植前3個月要先斷根，通常植株愈大，就要愈早斷根，以促進新根生長。
2.土團盡量保持完整，直到移進新的盆栽，避免土團崩散傷害到新根。
3.移植後要適當修剪枝葉，減少水分蒸發。
4.其餘動作均與換盆一樣，可依照前篇換盆的注意事項。

斷根以促進新根生長是地上植物移盆的關鍵動作。

盆栽地植step by step

1. 先挖一個比根部土團寬度還要大20公分的洞，且洞底不要逐漸變小，深度則與土團的直徑相同。
2. 將挖出來的土與培養土或粘質土（視植物需求選擇）、肥料混合。
3. 洞中先放一些混合過後的土壤。
4. 將樹苗放入，注意其根部與地面同高或可高於地面一點，再依高度需求填土。
5. 樹苗植入後將空隙填滿，但注意不要蓋住太多樹幹部分。
6. 最後澆水即可。

中大型的花木盆栽若長得太為茂密，就可以移植到土地上。

土團完整可避免根系受傷。

91

換盆同時做佈置

植物當然是為了更健康才需要換盆，但如果換盆之餘，還能依照植物型態，組合出更具視覺效果、讓空間更美觀的作品，不是一舉數得嗎？

單棵植物換盆美化

前篇示範的都是最基礎的換盆作業，這裡則讓單一植物有更漂亮的美化效果。尤其適合室內觀賞的植物，為它挑個可愛的容器，並善用各色非土介質，就能讓室內空間多了一處花綠的小角落。

▌紫芋青苔盆栽

想找的容器都是底部無孔的怎麼辦？那麼不妨選種需要水較多或可栽培於水裡的水生植物、水耕觀葉植物等，這樣在水分的控制上，會比較好管理。

1 將紫芋連土團置入盆器內。

2 取土填滿盆內縫隙。

3 將青苔鋪在盆土上，輕輕按壓使與土表緊密接合。

示範@曾淑玲

93

同種植物多棵組合

　　如果是做組合盆栽，那麼植物挑取上雖然自由，但仍要選擇生長習性相近的，否則一個需要陽光、一個喜歡遮蔭，盆栽仍會管理不良。因此在為植物換盆時，不妨挑選同種植物組合，可以提供較一致的栽培環境。當然盆器就要隨植物數量來決定大小。

室外色彩組合～彩葉草

　　適合在戶外欣賞的草花，只要善用不同的色彩，很容易就能營造豐富的盆栽效果。

1 準備三顆不同色彩的彩葉草，盆器則用9吋大盆。

2 植株脫掉原盆器，並去掉一些土。

3 大盆器先裝一半土，種入三盆彩葉草固定位後，加土至八分滿，之後澆水即可。

示範@陳坤燦

室內風格佈置～觀賞小鳳梨

　　較耐陰的小鳳梨可放於室內觀賞，加上因生長速度不快，很適合給予大點的空間做組合。

1 玻璃盆中放入碎花崗石約九分滿，中央弄成凹狀。

2 水草用鐵絲網包住。

3 將水草放入碎石中，用手指戳個洞種入小鳳梨。

4 四個小鳳梨都放入固定好後，剩餘空間用碎花崗石補滿，在澆水即可。

設計@吳承雄

蔓藤植物延伸造型

蔓藤類最棒的是可以有攀爬或懸垂的綠意可賞，因此在換盆時不妨考慮植物的特性，先做好可以延展的空間，讓它可以慢慢生長出造型化的景色。

▍蔓綠絨蛇木柱

如果室內空間不夠，那麼利用高高的蛇木柱，即使單一盆也能攀爬出彎捲的綠意。

1 7吋盆中盛好培養土，將小蛇木柱插在正中央。

2 黃金心葉蔓綠絨從原盆中取出。

3 將蔓綠絨種在蛇木柱旁，較長的莖蔓要朝盆裡側。

4 把莖蔓牽上蛇木柱，使用繩索或魔繩將莖蔓固定住。

5 種植完畢後澆水，日後將常噴水或澆水，可促進莖蔓加速上爬。

示範@陳坤燦

▍薜荔綠雕

葉小又易蔓爬的薜荔可塑性極高，只要在模型框的各角落種上一撮，幾星期後就會爬滿整個框架。但薜荔根部一定要用水草包覆，否則易因根部鬆動而無法存活。

1 準備現成模型框、水草、鐵線。

2 用浸濕後擰乾的水草，將模型框緊實填滿。

3 在模型內的水草上挖洞，塞入根部包覆水草的薜荔。

4 鐵線折成U形固定較長枝條。隨時固定，多餘處修剪以維持造型。

示範@陳坤燦

Lesson 6

什麼時機該施肥

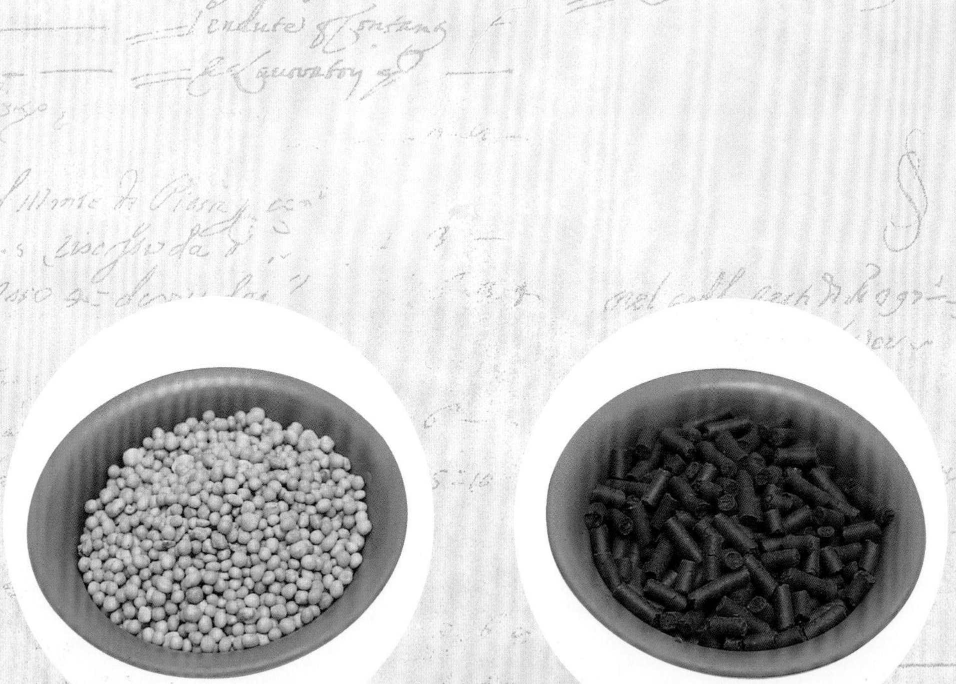

正確施肥原則

施肥，可是植物活力旺盛的一大要事！
就像人一樣，為了營養均衡，會添補所缺乏的營養品，
植物當然也是。但可不是光施肥就好，
如何施對時機、施得正確，才是學問！

施肥前要建立的正確觀念

一般人可能會認為肥料就是植物的食物，給植物施肥，根就會吃進食物，那可不一定。園藝新手常常會遇到施完肥植物不如預期的問題。所以在施肥前，有些正確觀念要先建立。

先滿足環境需求再施肥

植物要長得好，施肥可不是最重要的要素，在施肥前反而要先考慮陽光、空氣、水三件事，確認植物生長的必需環境和條件是不是滿足了！先滿足這些條件後，再來進行施肥。

確認肥料成分與植物需求

施肥時，首先需要注意肥料的成分標示，畢竟用錯了肥料，不但無法達到預期的效果，甚至還會產生反效果；就像是本來會開花的，施錯肥後反而不開花了。施肥還需要適時、適量，才不會造成肥傷與浪費。

看到植物虛弱先別施肥

施肥的目的是讓生長茁壯的植物，補充營養後能長得更好，能開花結果。如果已生長不佳，施下去的肥料不但無法吸收，還可能造成介質鹽份累積，或致使植物肥傷。所以看到植物已病枯、徒長時，都要減少或不施肥。

🪴 基肥v.s追肥

• 基肥

即基礎肥料，是準備播種、換盆或移植時，先在土壤中加入肥料，以增加土壤肥力為目的。因是要打下植物的生長基礎，因此不管使用有機肥或化學肥，都是緩效性的。

• 追肥

只要是植物成長中追加的肥料，都算是追肥。會根據植物類型、生長情況及所需，選用不同類型肥料施用，有機肥、化學肥皆可。

施加追肥會依植物生長所需，施以緩效性的化學粒肥，或速效性的液肥。

做基肥時先將有機肥拌入培養土內，再植入植物即可。

施肥不出錯 TIPS

• 配合季節及植物生長期

施肥的時機與用量須配合植物生長期，一般來說春夏季是大多植物生長旺盛的季節，施予的肥料都可以充分被吸收轉化。

而炎夏除了一些夏季開花植物如向日葵以外，應減少或不施肥。到了入秋後要減少。而冬季低溫及植物正值休眠時，甚至可以不要施肥，但在冬季生長的植物則不受限。

施肥時機要配合植物的生長期，給予當時所需的養分。

• 風吹雨打烈日不宜

施肥的時間是會配合澆水的，因此日照強的正午不宜；尤其若在大太陽下施用稀釋過的液態肥，容易因天氣熱、水分蒸散太快，導致肥料濃度過高而產生「肥燒」現象，甚至會造成植株枯死。

此外下雨風大時也不宜，因肥料易流失，且雨過後根部恐浸水、受傷。

• 剛買回盆栽不要立刻施肥

剛從花市買回來的盆栽，不要急著立刻施肥，因為農民通常在栽培過程會施加肥料。為避免重複施肥，最好在2～3周的安全期過後，再視植物生長的需求，補充適合的肥料。

• 移植後觀察植物再施肥

換盆時通常會先在新土內拌入有機肥作基肥。而植物移植後因根群尚未發展，最好待其發新芽、葉莖增長，確定植物定根後再施肥。

植物移植後最好等發新芽後再視情況施肥。

• 發育要高氮肥　開花要磷鉀肥

植物的生長週期也和人類相同，幼年期或正值發育階段，最需要高氮肥給予長大的營養。到了開花結果期要施用含磷鉀肥較高的肥料，以使花美果大。花謝果熟後，也要像人類產後補身一般，補充適當的肥料。

幼苗需要高氮肥以促進生長。

• 開花時可加液肥

通常草花、盆花類植物，因持續開花養分會大量消耗，須約1～2週補充一次較速效的液肥，否則若養分供應不足，易出現開花漸少，花朵變小、色淡、壽命短等現象。

但要注意有些花卉反而在開花時對肥料敏感，這時施肥易讓花朵早凋，如蘭花或螃蟹蘭等就不宜在花期施肥。

• 室內植物較室外少施

植物對肥分的需求量也會受到光照的影響：光照充足時，光合作用的速度快，就需要較多肥分；比較陰暗處的植物，肥分需求量則較少。因此，栽種在室外的植物，例如陽台的盆栽或庭園的植栽，一般需要較多的施肥；而栽種在室內或光照不足處的植物，施肥的頻度及次數都要少一些。

• 先澆水後施肥

在施肥之前，應要充分澆水，才能讓肥料分解的養分會藉由水的作用進入植物體內。土壤太乾燥時，應先澆完水並等土稍乾時再施肥。施固體肥料和澆水不衝突，但若用的是液體肥料，則當日澆水量可減少或不澆。

施肥之前應先充分澆水。

•「少量多餐」的施肥

不論是哪一種肥料，皆以少量多施為準則，以避免肥傷，且施肥效果會更明顯一些。例如某肥料每次的用量是5公克，你可以分兩次使用，即每次使用2.5公克，就是不能一次使用5公克以上的份量。又例如液肥本來稀釋1000倍每週給一次，則可以稀釋成3000～5000倍，每天當水澆。

•庭木施肥以樹冠投影點為佳

針對庭院地植的花木，要注意施肥點也不能離根部太近以免傷害根部，最好的位置要在樹冠投影下來的地方，因為樹冠擴展之處通常表示根系範圍也到那，施肥在該處才能讓花木達到吸收效果。

樹木施肥位置通常是樹冠下一圈都可。

•固體肥須遠離根部並覆土

無論是有機肥與化學肥的固體肥料，都須儘可能置於盆緣或離根較遠的地方，避免肥料直接與根接觸，而傷害根部。且放置好後一定要以土覆蓋，才能幫助土壤改良、促進微生物活化，避免肥份揮發；尤其是有機肥，甚至可以挖洞埋入，以免引來蟲害。

施固態肥料最好覆土。

•粒肥可剪開觀察肥份

平常買回來的盆栽，土表上通常已施有一顆顆的化學粒肥，到底這些肥料要留多久，換盆後還要不要重新施肥呢？

其實這些粒肥外層是合成樹脂，裡面包的才是肥料，只是即使肥料已釋放光了，外觀卻不會改變，因此要判斷是否仍有肥料，可以剪開來看看或用手壓開即可，如果還有肥份就不急著再施了。

剪開粒肥，看看裡面還有沒有液體肥料，以估算加新肥料的時間。

不當施肥有什麼影響？

1.肥傷

　　營養太多植物也是會吃不消的，這時會發現雖然花變多，但葉片卻肥厚有皺褶或扭曲，就是肥傷的結果，嚴重的話會導致植株脫水死亡。因為營養已被吸收，很難補救，只能等植物慢慢消化康復了。因此肥料（尤其是速效性的）須依照標示份量、濃度稀釋，並多次少量施用。

圖左為正常情況。圖右則因施肥過量，花苞多、但葉片肥厚皺曲。

2.鹽害

　　如果施肥過多，且澆水淋洗不足，多餘的肥料就會累積在土壤形成結晶鹽（即化學上陰離子與陽離子結合而成的鹽），通常會在土面或盆器邊緣、下方出現白白如像鹽霧的東西，用肉眼即可判斷。

　　鹽害會影響植物吸收水分，讓植株產生類似缺水的狀況，還會造成養分不均，以及土壤硬化或酸化。發生時若植株還算健康，每週澆灌一次大量的水至水分都能充分排出，直至排除鹽害為止，並記得有水盤得倒掉，才不會洗出來的鹽又被土壤吸回去。更嚴重時，最好的方法就是重新換盆換土。

盆器外的結晶鹽，多半是因肥料過多累積在土壤而結晶出來的。

3.開花植物猛施肥，卻不開花

　　很多時後開花植物已經很努力施肥了，雖然葉片變得繁茂，卻就是不開花。通常這種情況有可能是施加到高氮肥，或可能剛換盆介質裡用有機肥當基肥，使得氮肥太多。氮肥會使枝葉茂盛，過多卻會影響開花，以致於就算後期再施高磷鉀肥也無法開花。處理方式可先停止施肥，並稍微修剪促進側芽生長，等慢慢開花後再恢復施肥。

開花植物要施對肥料才會花開得美。

居家廚餘能否當肥料？

許多人都聽說洗米水、過期牛奶、咖啡渣、茶葉渣、蛋殼等居家廚餘，可以拿來當肥料，到底這些物質對植物適合嗎？

· 洗米水

洗米水當肥料用由來已久，當中因含有氮與其他微量元素，且肥效緩和，可施用於各種花卉盆栽。但要加5到10倍水稀釋後再澆灌到植物中，並不要儲放以免變質。

洗米水可稀釋當液肥，但最好不要儲放，直接用掉較好。

· 牛奶

牛奶的主要成分是脂肪和蛋白質，但植物卻無法直接吸收這兩種物質，必須將之分解成氮。因此施用牛奶主要不是讓植物吸收，而是提供微生物養分，使土壤活化。不過牛奶中因含糖，恐會招來螞蟻，且容易發酵產生酸臭味，最好用於室外植物，並稀釋500到1000倍後再使用。

牛奶最好高度稀釋後再使用。

· 茶葉

泡過茶的茶葉，也是許多人會誤拿來當肥料的廚餘。事實上，茶葉的分解過程會產生熱度，會讓根部受傷，氣味也容易吸引害蟲。有時分解過程中，也會產生發霉的情況，影響美觀。

偏鹼性的茶葉舖在盆土上，是會傷害植物的。

· 咖啡渣

粉末細微的咖啡渣，分解過程迅速，但因肥力較不顯著。不過既然是廢棄物，還是可以以有機物回收的方式，平鋪在盆土上，作為天然的防蟲劑，也不失為一兩全其美的方法。

咖啡渣可當作天然防蝸劑。

👀 ·落葉

常有人誤以為落葉可以堆放盆土上，自會慢慢便成天然肥料。但落葉未經微生物分解前，不僅無法讓植物吸收利用，也可能成為病蟲害的溫床，最好堆肥發酵後再使用。

落葉未經發酵前不適合堆放土上當肥料。

👀 ·蛋殼

很多人也會擺蛋殼到土表上，其實殼內的蛋清是可以分解到土內當肥料的，但數量很少。而蛋殼最主要提供的肥份是鈣質，但直接擺於土上是沒什麼效果的，即使磨成粉狀，土壤吸收率也不佳，還不如石灰或牡蠣殼粉末更好。

蛋殼直接放土上，或即使磨成粉狀，肥料效果都不大。

🥚 廚餘要做成堆肥再使用

其他常被誤當肥料的，還有豆渣、果皮、菜葉等，這些都是良好的堆肥材料，但在未發酵前的原料，最好不要直接施放土中，以免分解過程中產生異味和熱，容易引來蚊蟲，甚至傷害植物根部。

堆肥完全分解，就沒有保存期限的問題。

從植物營養素認識肥料

施肥是園藝栽培中的要事，但為何要施肥？要施什麼肥？可能很多人搞不懂，那麼，就得建立植物對營養的需求，才能看懂市面琳瑯滿目的肥料。

植物需要什麼營養

地球的外殼分布著土壤，土壤的最頂層稱為表土，其顆粒較細小、顏色暗沉、鬆軟而富含有機質，正是植物賴以生長的處所。植物的根部在表土壤中生長延伸，吸收水分、有機質和各類礦物質，透過葉面的光合作用，得以合成或轉化為植物生理機能所需的各種有機物質，供應整株植物體的各器官以進行營養生長及生殖功能。 因為，盆栽植物或庭園植物為人為栽培，會有花繁、葉茂、果豐等特定目的，才必須施以各別的肥料。

植物最需要16種元素

植物有16種元素，為生長所不可或缺的。需求量最大的碳、氧、氫，可由空氣和水中吸收，其餘14種元素則為從根部吸取的養分，可分為提供生長所需的氮、磷、鉀三要素，次要三要素鈣、硫、鎂以及微量元素如鐵、錳、鋅、銅、鉬、硼、氯等。

就像人體攝取各類養分一樣，氮、磷、鉀三要素，好比人體需求量多的澱粉和蛋白質，微量元素就好像維他命類，用量雖少卻是不可或缺的生理物質；無論是三要素或微量元素，都必須均衡而且充裕，植物體的生長才能快速、健壯。

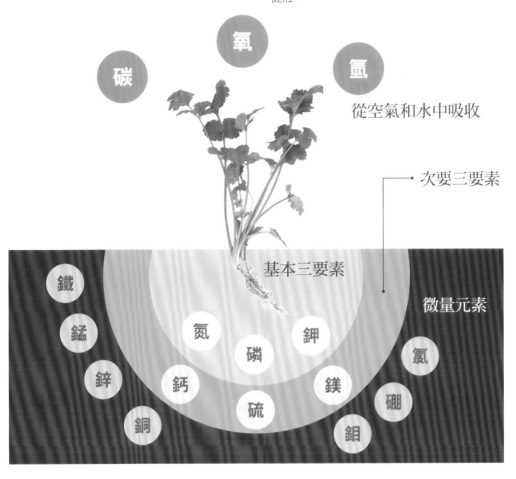

碳 氧 氫 從空氣和水中吸收

次要三要素

基本三要素

微量元素

鐵 錳 鋅 銅 氮 磷 鈣 硫 鉀 鎂 鉬 氯 硼

植物三要素－氮、磷、鉀

　　植物需求量最大的氮、磷、鉀，稱為植物三要素，由於土壤中常會不足，便需要以肥料的形態供給植物吸收。而這三種要素，正好對於葉、根、花、果各部位有不同的影響，所以可由此判斷植物會在何時較需要該種營養素，比如要葉子長得漂亮就需要氮，要花開得好就得補充磷鉀。

營養素	氮（N）	磷（P）	鉀（K）
功能性名稱	葉肥	花肥	莖肥、子實肥
作用	構成植物細胞蛋白質的原料，也是葉綠素及一些植物荷爾蒙的組成成分，主要作用是促進植物體的綠葉生長，因而能讓植物長高長大、枝葉繁茂、葉色濃綠。	構成細胞核的主成分，同時也是多種酵素的重要成分，主要作用是強化植物體的器官組織，能促進根系形成，提高花芽分化，有助花、果的發育。	具有調節細胞水分流動的作用，亦可調節氣孔開關而影響蒸散作用，能使莖桿強壯，花色鮮豔，提高果實甜度，對病蟲害及寒、旱較有抵抗力。
缺少時徵狀	植物生長緩慢甚至停頓，植株弱小、枝莖細，葉片枯黃，新葉逐漸變小、容易掉葉。	阻礙花苞形成，開花變少，花朵小且色淡，甚至提早落花、落果。根部發育不良，使植株矮小。老葉葉小而暗綠、葉柄成紅紫色。	枝莖細弱，老葉葉緣及葉尖變白、黃轉褐色而壞死，近底部的葉片有病斑、易脫落。
過量會導致	莖葉細弱，葉片大而薄、色轉深綠，抗病力低，不耐病蟲和風害；還會延遲開花。	花苞過多且密，但葉片肥厚皺曲。	葉片發黃、生長緩慢，節間縮短。
誰最需要	觀葉植物整個生長期皆需要。開花植物只有幼苗至長花苞期間較需要。	一般植物幼苗期只需適量。開花植物和一般草本植物，在開花前都需要磷多一點的肥料。	各類植物生長期間都需要適量。特別在枝葉較細弱時需補充。開花植物、球根植物、結果類的也都會需要。

植物需要的其他營養素

營養次要三元素：鎂、鈣、硫

鎂
（Mg）

是形成葉綠素的重要成份，不足的時候，新葉或頂芽黃白化現象、生長停止。

鈣
（Ca）

是強化細胞壁不可缺乏的成份，不足的時候，老葉葉緣黃化而後落葉，並影響花、果生長。

硫
（S）

是形成蛋白質的主要成分。不足的時候，徵狀與缺氮類似（多在幼葉）。

七種微量元素：鐵、錳、鋅、銅、鉬、硼、氯

所需之量極微，但卻是植物生長不可欠缺之成份，且能強化植物的抗病性。如有欠缺，易引起新芽發育不良、黃化、白化等成長不良之症狀。

鐵 (Fe)	是合成葉綠素、傳遞酵素，不足的時候，新葉葉脈內黃白化，中脈及脈緣呈綠色。鐵可以協助植物葉片製造葉綠素
錳 (Mn)	有益行光合作用，不足的時候，會發生類似鐵不足的狀況。
鋅 (Zn)	酵素系統、氮素代謝，不足的時候，新梢葉片黃化、葉片畸形、節間縮短。
鉬 (Mo)	固氮酵素及硝酸還原酵素，不足的時候，會發生類似氮不足的狀況。
銅 (Cu)	葉綠素、同化作用、呼吸作用。
硼 (B)	分生組織生長及醣類運轉與代謝 。
氯 (Cl)	促進光合作用、調節氣孔張合。

矮仙丹花因植物缺鐵，造成葉片黃化。

缺乏足夠的養分，植株便會生長不良。

看懂包裝上的**成份比例標示**

　　購買肥料的時候，一定要注意成分標示以及使用方法，才不會買錯肥料又浪費金錢。不過肥料包裝上的數字要怎麼看？這可是認識肥料的最基礎知識喔！凡是符合政府規定的肥料產品，都必須在包裝袋上標示成分比例，一般肥料包裝上的3個數字，是國際公認的氮、磷、鉀三要素的含量比例，次序也永不會變。若有第四、五個通常為鎂或有機質。

10-30-20
= N（氮）- P（磷）- K（鉀）
包裝上的數字會按氮、磷、鉀的順序排列。

20-20-20

這是三要素比例均衡的速效肥。

30-10-10

氮偏高，磷、鉀比例相同，通常適用於植物生長期與觀葉植物。

0-10-10

不含氮而重磷鉀的液肥，適合開花前期使用。

6-40-6-15

第四位為Mg（鎂），可補充葉綠素需要。

14-7-7-4-45

第五位為有機質，通常有機肥上才會有。

市面上的**肥料種類**

有機肥

　　將有機物腐熟製成的肥料，有顆粒及粉狀。依成份可為使用動物糞便、骨頭或毛羽…等材料製成的動物性有機肥，和多為豆粕、樹皮、木屑等物質製成的植物性有機肥，購買前可詳看包裝上的內容。

　　一般有機肥的效用較緩慢，優點是肥效緩和不傷植物，而且有效期間較長，同時更具有改良土壤品質的作用，非常適合在栽種植物前，預先添加在培養土中做為基肥。但可能會產生味道，且較易吸引蟲蟻，所以多用於室外植物；其中要拿來食用的蔬果、香草類，也施有機肥較安全。

室外栽培及食用性的香草、蔬果類，最好用有機肥料。

・粒狀有機肥　　　　・粉狀有機肥

🌱 有機肥的施用方式

1 土表先挖開小洞，倒入有機肥。

2 再覆土掩蓋住肥料，以免容易吸引昆蟲。

化學肥

　　為化學合成的人造肥料，分為固體與水溶性液體兩種，具有使用方便、吸收迅速等特點。有各種氮磷鉀比例，通常還會註明是開花肥、觀葉用或通用肥，部份肥料還會添加微量元素。

　　因無味且效果顯著，適用於室內植物，較不會引來昆蟲，能夠保持衛生清潔。如果過量也易出現肥傷，且因為長期使用，會造成土壤結構破壞，嚴重者土壤會酸化或鹽類累積，使植物生長不良。

・化學肥

擺放室內的植物適用化學肥料。

🌱 化學肥的施用方式

棒狀肥

因製成棒狀，直接塞入土中即可，待平時澆水時會將肥份滲透至土壤供根系吸收。施用簡便加上效果持續，可久久放一次，對懶人來講十分方便。

1 肥料棒直接塞入土中至看不見為止。

2 肥料所在處插入標示牌，有助提醒這盆施過肥了。

粒肥

大多改以合成樹脂包裹住肥料粉末製成，等到施在土中會因水分作用，外層會產生微小孔隙讓肥料滲出。一般約3個月施一次，也有長緩效型的一年一次。施用時按包裝比例，直接灑於土表上即可。施用後約1、2個月能觀察出植物生長的改善。因易灑出盆外，要注意小朋友或寵物誤食。

擺放室內的觀葉植物，適合施以化學粒肥。

粒肥施用時直接放於土表上即可。

液肥

1 粉狀與液狀肥料按濃度比例稀釋於水中。

有液體和須溶於水中的粉狀兩種，記得看清楚包裝上的稀釋比例，寧可多加水稀釋，否則肥料濃度太濃會造成肥傷。液肥可直接澆於土面或噴灑葉面上，因植物吸收快，肥效高，通常1、2週內施一次，生長勢較差的植物幾週內即可看到效果。

2 可直接澆灌於土中。

3 亦可噴灑於葉片上，以清晨、傍晚或陰天為宜。

Lesson 7
修剪的正確時機

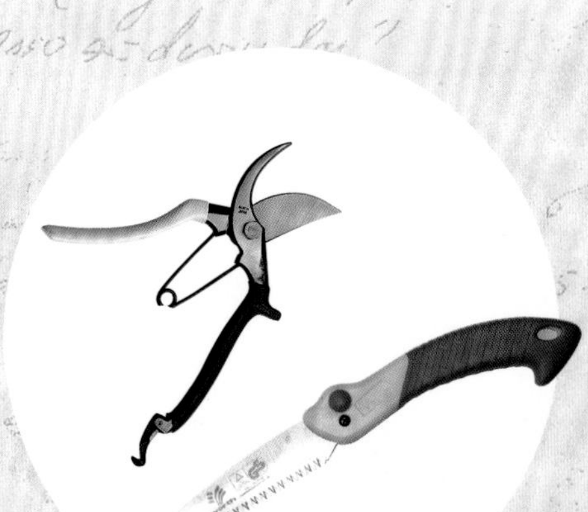

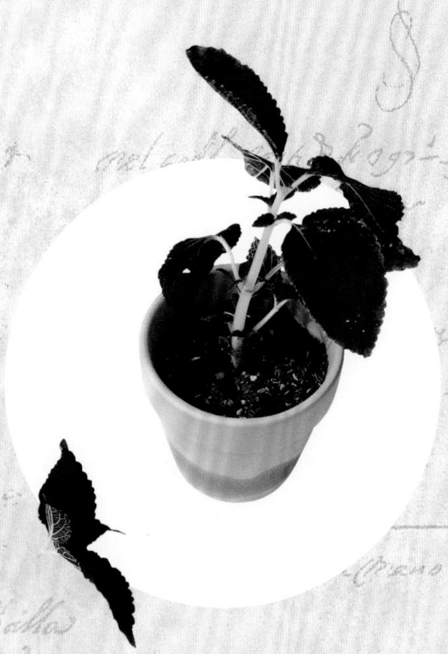

修剪必備的基礎知識

修剪花木是種花者必學的課程，有些花就是要愈剪才會愈美麗，但花要怎麼剪？什麼時候剪？可是栽培上的一門大學問哦！

為何要修剪

不用擔心植物理光頭會醜，因為發芽後葉片會更整齊。

花園裡最常進行的園藝工作，除了澆花外，再來就是修剪了。基本上幫植物修剪除了維持植株的高度與優美的生長型態外，最重要的還有以下功用：

促進分枝、開花結果

經過修剪能讓植物型態優美、花開更多。

在植物的生長期進行修剪，為的就是要促進分枝，使植物有更茂盛的生長勢。而花期過後的修剪，則可使養分集中，促進新的枝芽生長，以利下一次的開花結果。

預防病蟲害

枝葉太密會讓植物葉叢內通風不良，形成適合害蟲棲息的環境，適當修剪太密的枝葉，可以讓害蟲無所遁形。而殘花老葉亦會影響植株健康，甚至引發病蟲害，除了清理掉落盆內的枯葉，也要適時修剪掉枝條上的殘花及病葉。

若不修剪，生長快速的薄荷容易變成一頭亂髮。

認識修剪工具

修剪用的刀剪在使用前後最好用酒精或漂白水擦拭，或火烤一下幫助殺菌，以免染有病菌再傳染給別的植物。

・剪定鋏
修剪拇指粗細以下的枝條。

・芽切鋏
專門修剪新芽或採果。

・切枝剪
修剪較粗的樹枝用。

・修枝剪
修剪較細的灌木樹枝。

・盆景專用瘤鋏
可剪除小型木本植物的樹瘤。

・鋸子
園藝用的鋸子能使樹枝的鋸口平整。

117

不可不知的**修剪**TIPS

1.要剪對位置

修剪最重要的就是要剪對位置，才會達到促進分枝的目的。修剪的位置通常在有分枝的節點上方，也就所謂的芽點，讓新芽可以直接萌發。

草本植物　　　　　　　　　　　木本植物

錯誤的修剪位置（剪第一節），不會有新芽。　正確的修剪位置，可長出新芽。　新生的芽。　　　下刀位置離芽點上方太遠，新芽較不易萌發，而且容易產生枯枝。　下刀位置離芽點上方較近，且留的是外側芽，新的枝芽往外側生長，枝型較不雜亂。

2.要選對季節修剪

修剪時機必須各別把握植物的生長期，修剪完後，可接續施肥的動作，補強植株本身的體力。

1.草花不需按照季節，視植物生長情況適時修剪。

2.落葉植物要能把握花葉凋落時，新芽即將冒出的關鍵修剪時期。如楓樹、紫藤。

3.開花有季節性的木本植物，要再深入了解其開花生理，才能選對季節。如茶花、杜鵑。

4.若是常年開花的花樹，則不限修剪時機。如扶桑花、樹蘭。

植物的修剪時機需視植物類別與生長期調整。

3.病蟲害枝葉要修剪並燒掉

有病徵的葉、莖一定要修剪掉，以免危害擴大；修剪下來的枝葉最好燒掉，否則上面的病毒或蟲子仍可能藉風當媒介傳染到別的植物上。

若枝葉太茂密，也需要疏枝增加通風，防範病蟲害發生。

香葉天竺葵葉子的乾褐色病葉，宜從莖部將整片的葉子剪除。

4.開花植物要摘除殘花

花朵雖美，卻不要捨不得剪。尤其開完花後花朵凋萎，一來不美觀，同時也在消耗養分。所以在花朵凋謝、但花梗還沒乾枯前，就可摘除殘花，或連同花梗剪除，才能促進分枝。

摘除殘花可減少它們消耗植株養分。

在花朵開放後期就可準備修剪了。

5.觀葉植物可修掉老葉、枯葉

大多數觀葉植物不需修剪，頂多剪除老化的枯枝、黃葉，或按原有葉形修掉焦枯的葉尖。另外有莖的種類，可以修除抽高的嫩莖部來抑制高度、增加分枝。

焦黃的葉尖可修除，修剪成原來葉型更美觀。

修除抽高的植株莖部，可以抑制高度、增加分枝。

6.木本枝條瘦長要矮化

有些木本植物在長葉開花前只有一枝直挺挺的主幹。如果不修剪的話新枝會繼續長，樹型反而會顯得瘦長而單薄。所以別客氣，將主枝及分枝都修掉，降低高度，等枝葉生長後，整體會較好看。

原來的紅蝴蝶枝條瘦長。

剪短主枝外，分叉的雜枝也要貼齊主枝修掉。

修剪完成後，主枝的高度降低了。

基礎修剪示範
STEP BY STEP

不知道從哪裡著手修剪你的植物嗎？
本篇不只示範了五種最基礎的修剪目的，
也整理各類植物的修剪技巧，
讓你馬上就能當個植物理髮師。

修剪到底有哪些類型

前面了解了修剪的好處，然而實際要運用在植株上時，必須視植物所需的目的性，而有不同的修剪類型。以下，列舉園藝中最常使用的五種基礎修剪，配合各類植物修剪時的注意事項，就能輕鬆用對方式，才能事半功倍！

摘除殘花
示範植物－木春菊

目的在於減少殘花持續消耗養分，同時順便疏剪底部的老葉，使植株保持良好通風，如此全株花型不但維持在鮮美的狀態，植物也能繼續健康生長。

1 開花期的木春菊，每天都會有凋謝的花朵。

2 要隨時修剪凋謝的花朵。

示範＠黃勝毅

3 除了剪凋花，也要適時疏剪底部的老葉。

即摘除植物頂端的嫩芽，此類方式常用於草本植物。由於頂芽產生的生長激素會抑制側芽生長，所以在小苗生長期摘除頂芽，能刺激側芽生長，植株反而會比沒摘心的更為茂盛。

示範＠黃騰毅

1 小苗期的彩葉草有頂端優勢會一直長高，必須加以摘心抑制頂芽，並且促進側芽生長。

2 一手捏住頂芽下的第二個枝節，一手捏住頂芽，稍微彎折，即可折下頂芽，注意要以指腹按壓，不要用指甲壓，以免細菌感染植物傷口。

3 頂芽摘除完成。

4 折掉頂芽後，新的分枝會從此一芽點分生出來，分生的枝葉讓植株變得更茂盛了。

摘芽
示範植物－玫瑰

若植物分枝過多，可剪除側芽或側生花苞，主要目的是將養分集中在主要枝幹。通常是樹型的整枝方式之一，或讓容易分支的植物集中養分給主枝，如玫瑰、大菊等植物常用。

示範＠陳坤燦

1 含苞待放的玫瑰，花苞過多，會影響其後的開花狀況。

2 可以剪除兩旁多餘的側生花苞。

3 將養分集中在主要花苞，開出來的花自然茁壯美麗。

疏枝
示範植物－木春菊

即剪疏枝葉密度。如果植物生長過盛成叢聚型或是枝葉太密滿，會影響通風性，易產生病蟲害。適度疏剪可保持通風，以利光線射入，也會使新芽有良好的生長空間。

示範＠陳坤燦

1 生長旺盛的木春菊，枝條過於茂密，會影響植株健康。

2 修剪過多的枝葉，可減少養分的分散流失。

3 修剪後的木春菊，有了整齊美觀的新面貌。

截剪
示範植物－迷迭香

以齊頭式的平剪方式進行，可矮化植株，促進生長。若剪除超過三分之二高度的枝條，就是一般所謂的強剪。進行截剪時，注意要在萌發新芽前剪，並施肥以供新生養分。通常用於生長勢強或病蟲害嚴重的植株。

示範＠黃騰毅

1 迷迭香修剪前，枝條高低不齊。

2 不要剪到老枝，從第二分枝上方約1/3至1/2處修剪。

3 全株修剪完成。

4 約3至4周，即可長成這樣的型態，矮化且生長茂盛的植株。

草本植物的修剪技巧

修剪殘花（天使花）

殘花不美觀且可能會結果，會耗損植株的養分；因此修剪掉殘花，不但可以促進新枝生長，又能延長花期。

1 準備為天使花整枝。

2 約從莖部的一半高度處剪下枝條。

示範@陳坤燦

開花後強剪使花再次盛放（非洲鳳仙花）

多年生草花在開完花後，花朵常會變得稀疏，只要進行強剪並施肥，就能促進新生莖葉與花苞，讓下次開花同樣繁盛。

1 組合盆栽的非洲鳳仙花已長成一頭亂髮了。

2 從離土一個拳頭高（約5公分）開始修剪。

3 修剪到一半的模樣，別客氣，花都要剪掉。

4 有小的芽也要拔掉，免得外觀雜亂。

5 剪完畢，可以適度補充肥料。

示範@何玉梅

走莖徒長可強剪（荷蘭薄荷）

匍匐走莖類的草本植物如薄荷，常會徒長變得鬆亂，這時不用太捨不得，整個強修剪就對了。等到發新芽後，才會又有完整株型可賞。

示範@沈瑞琳

1 突長的荷蘭薄荷，整盆變得雜亂，這時可除去黃化、破損葉子、乾莖或徒長枝，不超過植株總高1/2。

2 狀況不佳者進行強修剪，修至盆面上方留兩個節點的高度。並補有機肥後再覆土。

3 移至日照充足處栽培，即會慢慢發新芽。

居家蘭花修剪

蘭花的枝葉單純，常會讓人遺忘它也是需要整理整理的。尤其花期過後，要將花梗、黃葉及老根都剪除，才能期待下次花梗抽長、開出美麗的花。

示範@世芥蘭業

●黃掉的葉片要隨時剪除。

●花謝後可剪除開完花的花梗。

●當發現蘭花有新的根系生長後，若見到乾扁的老根可以剪除。

木本植物的修剪技巧

冬季花木修剪作業（仙丹花）

　　有些木本植物在冬季會有落葉休眠現象，等待來春萌芽，夏季開花。萌芽前可修剪其枝條，促進萌芽能力，讓花木有更強的生長勢。但春季開花的植物就不適合修剪。

示範@陳坤燦

1 冬季是仙丹花的休眠期，3～4月可進行強剪，讓植株在春季生長新枝。

2 減去細弱枝條。

3 除去植株周邊雜草後，再施用長效肥，促進生長。

4 剪至50～100公分高，夏季開花會正處於最佳觀賞位置。

春夏花木修剪作業（繡球花）

　　春天開花的花木，在花期過後就要清除殘花及軟弱枝條，到了7、8月，最遲在9月底前，還要進行修剪、換盆及換土。由於花芽會在冬季形成，入冬後就不再修剪，否則會影響開花。

示範@周金玲

1 賞花期間，即將開完、凋謝的花球，連同花朵、花梗、及部分小枝葉一同剪除。

2 花期過後儘速將所有花球剪除，讓植株回復生長勢。

3 要讓植株逐漸長高，應保留一年生的綠枝條及葉，並將枯枝、細枝，及過密的枝條剪除。

4 若要控制植株在原本高度，則應將綠枝條強剪，留下帶芽的老枝及基部長出的新枝，並將枯枝、細枝及過密枝條剪除。

蔓藤花木修剪（飄香藤）

蔓藤類花木會讓人捨不得修剪掉它蔓爬的姿態，但事實上其修剪與一般木本植物相同，尤其是冬季會休眠的，都要剪掉老枝，才有助萌發新枝芽。

示範@陳坤燦

1 冬天處於休眠狀態的飄香藤，生長停滯。

2 將老葉及枝條剪掉。

3 修剪至莖仍能攀住窗框的高度，使其仍有附著物可依附。修剪後記得在發芽前施肥。

玫瑰正確修剪

玫瑰常讓人不捨得下刀，其實它反而要常修剪才能供給養分給新枝，並有通風效果，讓玫瑰生長更旺盛、花開更美。通常花開得很大時就可開始進行修剪。

●不會開花或老、枯、病的枝條會耗損養分，應予以剪除。

●花枯時即可修剪。

●已成灌木者則可從分枝點上約1公分處修剪。記得要斜剪45度，高的一端靠芽點，才能讓澆水或露水往下流走，不易積水染病菌。

【其他修剪TIPS】
●大輪種的玫瑰，每枝若修剪到只留一朵主花苞，花才能開到很大；中輪的則可留較多朵。
●避免於夏季進行修剪，因為高溫多雨的氣候，容易造玫瑰生長衰弱，且傷口容易被病害侵入。

●玫瑰很小就會開花，但幼苗期植株太纖細，前2、3個月有花苞最好剪除，往後花才有養分。

疏花、疏果

疏花（茶花）

開花季節時，若植物同時存有許多花苞，可在生長初期剪去多餘或不健康的花苞，讓養分集中在單一花苞上，否則容易產生花苞掉落的情況。

1 同一個枝幹上，有許多待開的花苞，就必須採取疏花的修剪動作。

2 若不進行疏花，相鄰近的花朵會互相影響生長，也不甚美觀。

3 在生長初期有疏花，就能讓養分集中在單一花朵，使得花朵碩大又美麗。

疏果（金桔）

疏果的道理與疏花相同，是農業常使用的修剪方式，部分觀賞型食用植物也可適用。能使養分集中到保留的果實中，使果實碩大、甜美。

1 幼果生長初期，若發現果實過度集中，可進行疏果的動作。

2 如未經過疏果，容易造成果實營養不良，或生長空間不足。

3 疏果後，可以將養分集中在少數果實。

採收修剪

　　修剪下來的枝條除了健康無病者可以扦插繁殖外，食用性的植物包括香草植物和果樹類，都能修剪同時當作採收食用。

紫蘇

神祕果

檸檬

・香草植物可從基部修剪

株高較高的香草如紫蘇、天竺葵等，採收時不妨從基部剪起，可矮化植株、保持通風。

辣椒

・果實用剪刀剪下

不管是任何果實，採收時最好用剪刀採下，勿用拔取，以免在果實上造成傷口染病菌。

・剪果可帶一點枝條

檸檬、柚子、柳丁等柑橘類的果實，在採收時，應該用剪刀剪下帶3～5公分枝條的果實；如此一來，不但可以促進枝條分枝，還能讓果樹來年生長更好。

迷迭香

辣木

・迷迭香要剪取嫩莖

迷迭香採收食用要取未木質化的上端嫩莖。適時修剪雖可保持通風，但採收太頻繁或把它剪得過短，會導致植株無法再發芽、開花。

・喬木類可採下嫩葉枝條

可食的辣木屬喬木，採收時要從最上端的枝幹找尋嫩葉，從分枝整枝採下即可。再從枝頂端往下剔除葉片，洗淨後即可處理食用。

對症下藥的病蟲害管理

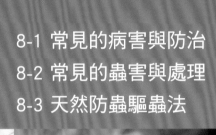

常見的病害與防治

病害一向是植物的頭號殺手，只要葉片枯黃，甚至產生不起眼的斑點，都有可能是病害的前兆。

唯有了解病害原因，才能保護家中的植株頭好壯壯，遠離生病。

病害為何會發生

　　天氣正常，心愛的花草卻怎麼都提不起勁來，緊緊捲縮著葉片，葉背上還沾著白白的粉末或黑褐色斑痕，一副無精打采的樣子，綻放不出美麗的風采。這時要特別注意，你的植物可能已經生病囉！

　　花草跟人一樣都會生病，而產生病害的原因有兩種：一為生長環境不良或栽培技術不當所引起的生理性病害，如日燒、寒害、根部浸水腐爛等；另一種則是由微生物入侵植物體所引起的，如病毒、細菌、真菌等種類如黑斑病、鏽病等。如果不小心防治，甚至還會將病菌散播出去，影響到其他植物的健康。

　　所以，一旦發現心愛的植物有些怪怪的症狀，或者花葉上有不知名的附著物時，最好先將患病部分剪除，並找出正確病因，對症下藥，早日還給植物健康。

植株一旦染上病害，就會在花葉上產生一些變化，如葉片枯黃、有斑點或枝條萎縮等現象。

病害發生的原因

1.環境不適
因氣候過冷過熱、太過潮濕及養護條件不良，造成植物有寒害、曬傷等情形，抵抗力會變弱。

2.栽培技術不當
因人為的栽培技術不當而產生，如施肥過多、太頻繁澆水、介質酸鹼度不適合…等因素，引發植物生病。

3.病菌感染
病害是由黴菌（真菌）、細菌和濾過性病毒等侵害所造成的。通常會藉由風及昆蟲為媒介。

黴菌

染病位置通常會有菌絲或是孢子等物體，是黴菌引起的明顯病徵。

細菌

通常會造成植物組織迅速腐爛，腐爛處會呈現有如浸水過久的模樣。

濾過性病毒

會因植物組織有傷口而侵入，造成植物畸形、生長衰弱而死亡，屬於病害中的絕症。

常見的病害種類

寒害

　　喜歡高溫的熱帶植物，因低溫而導致植物根部凍傷、或植株本身葉莖受損，甚至因而生長勢衰退至死亡。

晒傷

　　通常是因為植株未給予適當遮蔭而引起。嚴重時，會導致葉緣、葉端出現焦黃的日燒現象，若不改善環境，將導致其不堪負荷而衰退死亡。

酸鹼值不當

　　大多數植物都喜歡生在酸鹼值中性的土壤，除了部份植物有特別的喜好，例如杜鵑花、茶花…等喜歡酸性土壤，若種植在鹼性土壤中，會導致植株生長不良，嚴重時會葉片黃化甚至死亡。

肥傷

　　肥分過多也會造成肥傷，特徵就是葉子變得皺皺的，嚴重時整盆葉子轉黃，植株整盆會死去。若只是輕微肥傷，則將盆土上的肥料取出，並控制水分、停止施肥。

病菌感染

 ### 黑斑病

又稱黑點病或黑星病,多發生在潮濕多雨的氣候。多發生於葉片,尤以成熟葉片較嚴重。葉片上有明顯圓形或不規則的褐色斑點,周圍會有黃暈,最後導致葉子枯黃掉落。

預防:盡量保持植株通風,若有病葉要盡快摘除。

黑斑病的葉片上有明顯圓形或不規則的褐色斑點。

 ### 白粉病

晝夜溫差大時節易發生。多感染幼葉,亦會擴散至枝條與花果。染病初期會產生紅色小斑點,之後再覆蓋一層白色粉末。蔓延後植株會停止發育,進而萎縮死亡。

預防:立即摘除病葉,並且避免於植株葉片上噴水。

枝葉上覆蓋一層白色粉末,就是白粉病的特徵。

炭疽病

好發於高溫高濕及通風不良的環境，葉片、枝條、花果都可能染病。初期為黑褐色凹陷病斑，會逐漸擴大成中央有壞疽現象的不規則狀病斑，導致枯萎落葉。

預防：發現炭疽病病斑應立即切除、燒燬感染部位。

 ## 病毒

通風不良或過分乾燥易導致病毒發生，會出現葉片黃化、新芽畸形、葉片花瓣呈現黃淡或深綠色斑紋，導致植株無法生長，慢慢萎縮最後死亡。

預防：由於此病的特徵較難判斷，基本上無法治癒，所以一發現有病株就應隔離或丟棄。

鏽病

易發生在低溫乾燥季節，葉片、嫩枝及萼片都會被感染。葉片表面會產生鐵斑狀、或黃褐色的小斑點，嚴重時斑點會轉深，引起落葉、植株乾枯。

預防：得病的葉片應當剪除。

枯枝病

　　枯枝病易在雨後修剪時發生，尤其是夏季。感染此病菌時，枝條會變黑，並慢慢擴散，嚴重時整株死掉。

預防：剪下染病枝條並立即丟棄或燒掉，剪過的刀剪要以酒精消毒。最好的方式是保持植株強健，

其他病害

• 立枯病

通常發生在小苗時期，因為澆水過多或水分滯留而發生。幼苗莖基部會從褐色變成暗褐色，還會引起葉片枯黃、葉緣不規則水漬狀，最後無法由根部供水而枯死。因此防治上要注意給水量，不要給予過多的水。

• 露菌病

多發生於高溫高濕季節，危害葉片、莖、花梗、花萼及花瓣，以嫩葉最嚴重。發病初期，葉片會有捲縮現象，產生淡綠色不明顯斑點，之後轉為紫紅色至深褐色的不規則形病斑，嚴重的話，葉片會黃化並造成落葉。因病徵與白粉病多所雷同，兩者最大的差別在於發生季節的不同。

• 萎凋病

此病會破壞植物輸導系統，使得葉片褪色呈缺水狀，並逐漸黃化、出現萎凋的現象；染病輕者，植株可於晚間復原，嚴重者將不再復原，植株會轉為褐色，並有壞死現象。

• 根腐病

是一種由土壤傳播的病原菌所引起的病害，可因病菌不同分為疫病、霉腐病及萎凋病。多發生在接近地面之根部，夏季高溫多雨的環境、或土壤中的病菌，均會造成感染，使根部腐爛，甚至導致全株死亡。

• 灰黴病

冬末春初低溫多濕、日照不足、通風不良時最易發生。主要危害花朵，染病初期會出現水浸狀斑點，逐漸由灰色變成灰褐色，進而擴展至花苞，產生植株下垂、枯萎的現象。嚴重時還會危害幼嫩枝條及葉片，導致莖葉軟腐或出現灰色黴。

• 青枯病

會侵害植株的維管束組織，影響植株內水分輸送，造成頂部葉片萎凋呈失水狀，一般在植株苗期不表現症狀，直到開花結果期才會開始發病。此病是茄科蔬菜和多種經濟作物的重要病害，其傳染速度快，影響程度高。

• 軟腐病

多發生於高溫多雨、濕度高的夏季，因地面的莖、葉柄浸水後軟化腐敗，棲息在土壤中的細菌便入侵植株，致全株軟腐枯死、有惡臭，大小植株皆會受害。
如果發生此病，要治療很困難，只能避免不要讓其他植株發生傷口，以免病菌侵入。

• 煤病

常發生在通風不良的環境、或高溫多濕的春秋兩季，由黴菌取食介殼蟲、蚜蟲、粉蝨等之分泌物所引起的病害，主要發生在枝幹及葉片。花木的葉片常附著一層黑色煤煙狀膜，妨礙植物呼吸及行光合作用，嚴重時全株會變成黑色。

植物病害如何預防

植物病害種類繁多複雜且普遍難以根治，因此，事先預防的工作就更顯得重要。跟人一樣，只要生長環境良好、身體健壯，對病毒的抵抗力自然強。因此，當你的愛花愛草出現奇怪病徵時，最好先檢視其生長環境及栽培養護是否得當。

1 購買前先檢查

購買前先檢查：在購買植株時，可選擇植株較強壯者，仔細檢查有無病蟲害跡象。

3 澆水施肥

適當的澆水、施肥，避免土壤過於潮濕，且應提供植物適當的養分，使植株長得健壯，可以增強抵抗力。

4 注意天氣變化

當天氣變化劇烈時，須格外留心植株的生長狀態，一旦發現葉面失去光澤、有奇異斑點，或有捲縮皺褶、凹凸不平的情形時，就要小心防治，對症下藥。

5 園藝工具要消毒

刀剪、鑷子這類常使用的工具，都有可能沾染到病菌，最好每次使用前後以1%漂白水加清水稀釋，或70%的酒精擦拭消毒，以免將病害傳染到其他植物。

2 保持通風、適當修剪

一般來說，潮濕、高溫、悶熱、密閉的環境，是病菌孳生的高峰期，所以應保持環境的通風、清潔，不要堆置太多雜物，並適當地修剪植株，清除雜草和腐葉，減少病菌孳生的機會。

適當修剪枯弱枝葉，保持通風，也可減少病害發生。

6 土壤保持清潔

土壤保持清潔：盡量避免盆內長雜草，要定時清除落葉，不要隨意將未完全發酵的有機物放在盆土上。

盆內的雜草可能潛伏病蟲害。

市面上有些微生物製劑，能保護有用的微生物，幫助土壤對抗病害。

病害發生處理重點

　　植物病害種類繁多複雜且治療費時費事,因此,事先預防的工作就更顯得重要。跟人一樣,只要生長環境良好、身體健壯,對病毒的抵抗力自然強。因此,當你的愛花愛草出現奇怪病徵時,最好先檢視其生長環境及栽培養護是否得當。

染病部位剪除

大部分病害在初期發生時,都可以將染病的葉片、枝條、花朵等剪除,以免擴大傳染到其他部位上。剪除的葉片需丟棄、隔離,亦可燒毀。

染病葉片需將之剪除。

患病嚴重即燒毀

一般的家庭園藝均採取小面積或少量栽種,患病太嚴重的話,最好還是盡快將病株焚毀,以免擴及其他植物。

噴灑藥物防治病害

病害發生可用藥物控制,但為避免對環境造成傷害,不妨選擇成分較天然的農藥使用,如自製辣椒、大蒜水做為殺菌劑。但因天然殺菌劑效果有限,若病害情況嚴重,建議可直接將病葉帶去農會或農藥行確認病因,購買正確的農用殺菌劑。噴藥時有以下要點要注意:

・通常只要見到有病害發生就要馬上噴藥,約每3～5日施一次,直到控制住為止。
・除了發病期外,平常則注意下雨過後也要施,因為這時病菌最容易散播。
・噴藥前一天洗去葉片灰塵,使其光合作用效率提高,藥效更佳。
・噴灑時則要注意葉片正、背面都要噴到,因為許多病蟲都在葉背產生。
・每次藥量不能過多,否則易有藥傷,葉片尖端會有焦黃現象。

🌿 蘭花病菌感染處理

1 蘭花的假莖有黃黑斑,有可能是炭疽病。

2 操作前洗淨雙手以免殘留細菌,並將刀片用火燒消毒。

3 火燒後刀片浸至氫氧化鈉中,能防治濾過性病毒。

4 從假莖感染處下方斜切。

5 斜切後的莖面切口。這是為了能讓水分流掉,以免積水而再次感染。

6 塗抹消毒藥劑,連邊緣處也要抹到,再待乾燥即可。

示範◎陳隆輝

常見的蟲害與處理

看到家裡種的花草上正爬著小小的蟲子，
甚至是嚇人的毛毛蟲，先別驚得花容失色，
認識牠們是何方神聖，就能有效防治，
還給植物健康。

常見的蟲害種類

植物的蟲害始終是愛花人共同的困擾，與其眼睜睜看著花草被害蟲啃蝕，倒不如積極展開防治行動，先認識害蟲種類，找出危害植株的根源，才能對症下藥。

園藝植物常見的蟲害包括紅蜘蛛、介殼蟲、蚜蟲、薊馬、毛蟲等，有許多小蟲因體積迷你，不僅得近看才看得清，看了還不一定認得出來，所以要認識蟲害，得從牠們影響出來的徵狀認識起。

連花朵也逃不過被蟲啃食。

葉片上的咬食洞痕是蟲害所致。

仔細找才看得到的小蟲

 紅蜘蛛

紅蜘蛛可不是一種蜘蛛，而是葉蟎，非常微小，因體色紅褐才俗稱為紅蜘蛛。其多棲息於葉背上，它會用刺吸式口器刺吸葉部養分，讓葉片產生白色小斑點，密度高時則會變黃脫落。紅蜘蛛生長快速，易蟲滿為患，嚴重時會導致植株枯黃，落葉、落果。

【防治TIPS】

・噴水
紅蜘蛛好高溫乾燥的環境，所以經常噴水在葉片上可以有驅趕的效果。

・刷除
發生初期應先將感染植物移至通風處，但與其他植物隔離，再用牙刷沾肥皂水刷除葉背的蟲體。

・天然驅蟲
可使用大蒜或辣椒水噴灑於葉背，可有效抑制。

・藥劑法
更嚴重時就也可使用植物殺蟲劑來防除。

室內植物受到紅蜘蛛嚴重危害，會被蜘蛛網包圍。

棲息於葉背的紅蜘蛛，雖然正面看不到，但可觀察葉面轉為淡黃色為其特徵。

蚜蟲

蚜蟲常會群聚在新生莖上吸取汁液。

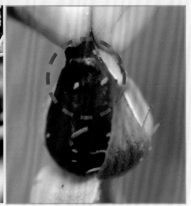

花苞裡也會找到蚜蟲的身影。

蚜蟲常會群聚在莖、葉或花苞上吸取汁液，體色會隨吸食植物的不同呈黃、綠至淡褐色。好新芽，老熟枝葉上反而較少，因此於植物萌發生長的春至秋季最容易發生。受害徵狀是新芽皺縮不展，且危害花苞；此外還可能挾帶其他病菌，甚至排出蜜露滴在植物上，造成黑煤病的產生。蚜蟲除了會自行飛到植物上，也會藉由螞蟻搬運上，要一併防除。

定期施灑苦楝油等驅蟲劑能防治蚜蟲為害。

【防治TIPS】

・**噴水**
發生初期可用強力一點的水柱噴除即可。

・**捏死**
由於蚜蟲並無接觸性的毒，也可用手捏死。

・**肥皂水**
數量多時，用稀釋肥皂水、稀釋50～400倍的酒精噴灑於蟲體上，可簡單防除。

・**天然驅蟲**
自製大蒜辣椒水噴灑於蟲體驅離。

・**黏蟲紙**
在植株旁放黃色黏蟲紙，可黏附蚜蟲。

・**防螞蟻**
單盆發生蚜蟲時，可在盆底下放個水盤，盛滿清水，能防止螞蟻帶著蚜蟲從盆底爬上植株。

・**藥劑法**
亦可定期施用藥劑防治。

介殼蟲

　　體型微小，種類繁多，又分為有殼及無殼兩類，多半附生在植物的葉片、葉鞘、莖部及根部，以口器刺入植物吸食汁液，導致受害葉片枯黃、脫落。介殼蟲整年均可見，以初夏及秋季最多。蟲體分泌的蜜露還會誘發黑煤病。

【防治TIPS】

・刷除
可用牙刷或小毛刷沾肥皂水刷除，但注意避免蟲體再飄散到其他植株上。

・肥皂水
數量多時用肥皂水或洗衣粉水噴灑於蟲體上。

・藥劑法
介殼蟲因外層有堅硬的殼或粉狀物，會阻隔藥劑，所以有時噴了藥也沒立即效用，必須持續噴一段時間，並同時用刷子刷除。

介殼蟲可用牙刷刷除。

有殼的介殼蟲。

粉介殼蟲。

咖啡介殼蟲。

粉蝨

　　蟲體白色，會藉口器吸取植物汁液，好棲息於葉背上。成蟲經過羽化具有翅膀可飛行，所以花叢中飛出的白色小蟲，十之八九就是粉蝨。除會傷害葉片外，其分泌的蜜露也會引起煤煙病，還可能傳遞病毒，易發於通風不良處，尤以溫室最嚴重。

粉蝨可用黏蟲紙誘補。

【防治TIPS】

・噴水
粉蝨好乾燥，經常在葉背噴水可將其驅離。

・天然驅蟲
可用苦楝油或大蒜辣椒水噴灑。

・黏蟲紙
成蟲對黃色或藍色有偏好，可用黏蟲紙加以誘捕。

・藥劑法
使用藥劑噴灑，每隔一星期一次，連續施用兩次。

薊馬

　　體型微小扁平，移動性甚大，繁殖力強，以口器啃食花葉，使葉片捲曲、皺縮或無法正常伸展，導致花瓣生長不良或顏色不均，且常在花瓣上留下白色或褐色斑紋，對植株造成傷害。其好乾旱，在夏天時會比較嚴重。

薊馬會造成葉子皺縮。

花朵遭受嚴重的薊馬蟲害，吸過後會有斑點產生。

【防治TIPS】

・施肥
常噴葉面肥讓葉子長得肥厚些，可控制薊馬危害的症狀。

・黏蟲紙
只要一接近就會跳走，較難防治，因此可放藍或黃色的粘蟲紙誘捕。

・藥劑法
當情況嚴重時，只能噴藥來消除。

一眼就能看到的昆蟲

蝸牛

屬雜食性軟體動物，喜歡陰濕環境，多半啃食植株的嫩葉、莖及新芽，爬過之處，會留下透明粘液的痕跡。通常在白天牠們都躲在盆土下或是盆下出水口地方，到了夜間或是濕雨天氣才會出沒，尤其在高溫多雨的環境活動頻繁，且生長繁殖迅速。

· 藥劑法

將殺蝸藥劑灑在盆土邊緣，可以誘殺牠們。但施灑時不要澆水，也不要在雨天灑，否則碰到水就無效了。灑完後也記得要洗手，以免藥性殘留。

· 誘捕法

是比較有趣的防治措施，你可以削一片蘋果，以蘋果當誘餌，於清晨時分即可見到許多蝸牛爭相吃食。或準備一小碟啤酒放在盆邊，過不久你就可以發現它們醉死在啤酒裡，接下來再解決掉。

放蘋果可以誘捕蝸牛。

蝸牛醉死在啤酒裡。

· 整理環境

隨時清除雜草、樹枝，並避免過於潮濕，減少繁殖生存處所。

· 咖啡渣

可在土面施以咖啡渣做天然的防蟲劑，藉當中的咖啡因等成分驅趕蝸牛、蛞蝓等軟體動物，約3到5天換一次即可。

咖啡渣能驅趕蝸牛，是天然的防蟲劑。

· 苦茶粕

可直接施灑於盆土上，或用苦茶粕泡水後噴灑，藉其中的皂素驅趕蝸牛。

螞蟻

　　放在陽台、窗邊等戶外空間的盆栽，常會見到螞蟻活動，當螞蟻在盆內築巢時，其實並不會直接傷害植物，因為他們並不會損害植物的根；但是間接危害是有可能。

　　另外螞蟻會在植物上面眷養蚜蟲、介殼蟲等植物害蟲，而且也是造成破壞居家環境的一個因素。

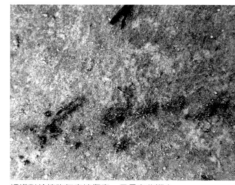

螞蟻對於植物無直接傷害，只是有些惱人。

・浸水法

可以將盆栽完全浸入水中，待20分鐘後即可將盆子取出，此時螞蟻即會被水淹死。

水可讓螞蟻淹死。

・藥劑法

最簡單的方法就是將驅蟻劑放在螞蟻行經的路線上或是洞旁，引誘螞蟻吃食，等螞蟻誤食了這些驅蟻劑則會中毒而死。

・肥皂澆灌法

將肥皂水稀釋500～250倍左右，澆灌到土壤中，待半個小時後，用大量清水重新澆灌一次土壤。此法不但土壤中的螞蟻殺光，其他的小動物也會被殺死。但控制不好也會傷到植物，若你的植物虛弱無力，不建議使用此法。

肥皂水可殺螞蟻，但植株本身要夠強壯。

毛蟲

　　嚇人的毛蟲通常是蛾類或蝶類的幼蟲，但蛾類幼蟲的比例較高。牠們會啃食葉子、花苞、花瓣以及嫩莖，讓植株變得型態不整、坑坑洞洞的。常見如捲葉蛾幼蟲，會吐絲讓葉片包捲起來；潛葉蛾幼蟲則會留下白色的彎曲線條，使葉片逐漸捲曲。

・抓除
因蟲體大且行動緩慢，可直接使用工具抓除，並剪除蟲體留下的危害葉片。

・天然驅蟲
可用苦楝油或大蒜辣椒水噴施防治。

・藥劑法
蟲害嚴重的話，可剪除受害葉片再噴灑殺蟲劑。

台灣黃毒蛾幼蟲。

潛葉蛾幼蟲會在葉片上留下線條，而有「地圖蟲」之稱。

其他常見蟲害

除了以上常見的蟲害外，還有像是會吸取植物汁液的椿象；會啃食枝葉的天牛、金龜子等許多昆蟲是花草叢間常發現的。與上述蟲害差不多，一樣可用抓除及藥劑法防治。

椿象

金龜子

蝗蟲

蟲害也可以預防

悩人的蟲子除了發生時得解決外，有沒有可以事先預防的方法呢？其實是有的，原則還是要給予植物健康的環境，在水分與肥料上施予要控制得當，才能增加對蟲害的抵抗力。

1 買植物時先檢視

預防的第一步就是不帶回害蟲。尤其害蟲會躲藏於葉背、根基、花朵間，甚至盆底等較看不見的地方，買入植物前記得先仔細檢查。

葉背也要檢查一下。

2 保持通風

環境通風良好，微小害蟲便難以孳生。因此要修剪過密的枝葉讓葉叢通風；家中若都是盆栽，要讓盆缽之間留點距離，各植株枝葉不要接觸太密，保持空氣流通，害蟲自然無所遁形。

植株間要保持通風才能防蟲害產生。

3 定期施灑驅蟲劑

一些如苦楝油、香茅油或自製的大蒜辣椒水，都可有助驅離昆蟲，定期施灑可以讓昆蟲避而遠之。

4 勿施廚餘或未發酵有機肥

營養的東西蟲子也喜歡吃，所以若誤施未完全發酵的有機肥，或是落葉、果皮等廚餘，都可能吸引害蟲前來。而施用有機肥時，最好也覆土掩蓋，避免氣味吸引蟲來。

5 栽培少害蟲的植物

食物擺在面前，一定會有喜歡和不喜歡的，植物對於蟲兒也是。某些植物因會產生乳汁，或體內含植物鹼或芳香分子，甚至構造太硬、帶刺，就都不是昆蟲喜歡食用的。當然這些植物不是說一定沒有害蟲，而是比起其他植物相對較少而已。

- 多肉植物：外型有棘刺硬皮的，或含有乳汁的種類，會讓害蟲無從下手。
- 厚葉蘭花：蘭科植物中如石斛蘭、嘉德麗雅蘭的葉片厚硬，較少有害蟲侵襲。

香草植物

- 香草植物：如迷迭香、芳香萬壽菊等，散發的氣味昆蟲不一定喜歡。
- 密覆絨毛植物：有些植物枝葉密覆絨毛如左手香，會讓害蟲不易攀附。

多肉植物

147

預防惱人的小果蠅

　　有些蟲不是危害植物，而是困擾著居家環境，這些小蟲包括了蚊子及果蠅，不僅飛來飛去惱人，還怕會帶來傳染病，尤其植物一多，似乎就非出現不可，該怎麼辦呢？

　　小飛蟲會產生不是因為植物，而是和環境有關。牠們通常喜歡潮濕且有機質豐富的環境，因此髒亂的死角、積水的盆器，都可能成為其生長的溫床。所以保持清潔，不僅能預防蚊蠅繁殖，還能讓人和植物都過得舒適喔！

　　以下就提醒你在栽培植物時，要注意預防蚊蠅的辦法。

 ### 水盤不積水

水盤、澆水壺及其他容器等都不可積水。但若水盤內為了讓植物浸吸水分而需水的話，則可在盆與水盤間放發泡煉石，防止蚊子產生。

 ### 施放天然驅蚊材料

花園中可不時噴灑香茅油、樟腦油、苦楝油等精油，或放置曬乾的柑橘類果皮，不僅可增添芳香氣味，還可有助驅除蚊蠅。

 ### 清掃落葉

不要以為枯枝落葉能自然腐化而不去清除，落葉間可是很適合蚊蠅繁殖生長的。另外堆置落葉或廚餘的垃圾桶，也要附蓋並隨時清除。

 ### 施有機肥要覆土

營養的有機肥容易吸引蚊蠅前來，因此在施用時，記得要覆土掩埋，且要用已發酵完成的有機肥。若購買的培養土本身已含有機肥，須注意是否發酵完成。另外土面上可舖細砂或小石子，除了美觀，更能阻隔蚊蠅在土裡產卵。

常見防蚊 Q&A

Q 1.花園裡有水池該怎麼防蚊？

A 花園水池，或水生植物盆栽，都非得有水不可。而有水的環境就會吸引昆蟲前來繁殖，當中可能會有蜻蜓、豆娘等水生昆蟲，也可能有惱人的蚊子。

預防蚊子在水中產卵的最好方法，就是順便養一些小魚，如蓋斑鬥魚、大肚魚、孔雀魚等，可吃掉蚊子的幼蟲孑孓，降低蚊蟲滋生。

在水生植物的盆栽或水池裡養一些小魚，是防蚊的最好方法。

Q 2.防蚊樹真的能防蚊嗎？

A 花市裡標榜的防蚊樹（草），有「香葉天竺葵」及「香冠柏」這類植物，因具有特殊氣味而能驅離蚊子。

其防蚊效果是防止蚊子靠近植株本身，範圍當然只限植物周圍而已，種在花園裡就想達到防蚊之效，除非帶著盆栽在身上才行。不過若取香葉天竺葵葉片絞碎塗在皮膚上，其汁液中成分是可防蚊的。

香葉天竺葵被市場上俗稱防蚊草。

天然防蟲驅蟲法

如果擔心化學農藥的殘留與污染，那麼不妨選擇成分天然的有機藥物，或乾脆自製天然的驅蟲劑，簡單防治蟲害，讓環境更安全。

有機蟲害防治很簡單

利用藥物防治害蟲是最普遍的方式。但一般居家環境空間小，施用化學農藥難免有污染環境之虞，且對人體及寵物也可能造成威脅。不管是為了人或環境的健康，盡量減少化學藥劑、改用有機的方式防治病蟲害，也是綠手指的樂活之道。

草本藥劑有機防蟲

目前市面上已有愈來愈多草本製成的藥劑，成分多取自大蒜、辣椒以及薄荷、薰衣草等香草植物，甚至微生物、酵素等，強調對人畜和環境無毒性，居家栽培上使用也可較安心。或者市售的苦楝油、香茅油、樟腦油等也都屬較天然的驅蟲劑。

有機防蟲劑要混合使用

草本防蟲劑雖然成分天然，但不能長期固定使用同一種，否則會讓植物累積太多當中的某種微量元素，而使植物病變。因此這些天然防蟲劑不妨輪流交替使用。

調味用的香辛料就可做成天然驅蟲劑。

針對毛毛蟲的蘇力菌。

噴灑苦楝油會讓害蟲拒食植物。

矽藻素能預防各種害蟲。

DIY自製天然防蟲劑

有機蟲害防治其實很簡單，只用善用家中唾手可得的蔬果及材料，包括廚房調味用的香辛料，如大蒜、辣椒、蔥、薑、洋蔥……，還有咖啡渣、肥皂、菸草等，就可做成最天然無毒的驅蟲防蟲劑，還更省錢環保。

用有機無毒的方式防治病蟲害，可以讓居家環境更健康。

居家無毒驅蟲劑製作

咖啡渣

泡完咖啡後的咖啡渣,灑到盆土上,可以驅避蝸牛、蛞蝓等小動物,還有防臭的效果。約3到5天可更換一次。若自家沒泡咖啡,一般咖啡店也會樂意提供咖啡渣。

肥皂水

只要將肥皂、肥皂絲或洗衣粉,加水稀釋100倍,就可拿來驅蟲,一般蚜蟲、介殼蟲、粉蝨等都可用肥皂水防治。記得要噴在蟲體上才有效,且噴完半小時後要用大量清水沖掉植物上的肥皂液,以防葉片受傷。而肥皂液流入土中則對植物無害。

菸草

菸草中所含的菸鹼及尼古丁,對於許多食葉性害蟲都有毒性,包括蚜蟲、介殼蟲、紅蜘蛛等都可用。若能混合肥皂液殺蟲效力更強,有抽煙者不妨拿一根來試試。

1 取10根香菸的菸絲泡1公升溫水24小時。

2 加入肥皂液或洗衣粉10公克混合均勻。

3 再浸泡半小時後過濾,可得菸鹼液。

4 不用稀釋即可直接噴灑使用。

示範＠陸莉娟

大蒜

大蒜的強力抗菌效果,也可用於植物殺蟲上,如蚜蟲、粉蝨、椿象等都適用。一般會將大蒜磨碎後加水稀釋就使用,但效果可能不強,若能再混合肥皂及礦物油(煤油或柴油),殺蟲效果會更好。另對於白粉病也有防治效果。製作步驟先取約90公克的大蒜搗碎,浸至40c.c.礦物油中24小時以上,再加入0.5公升的水及8c.c的肥皂液,過濾即成大蒜油。以50c.c大蒜油配0.5公升的水稀釋,即可噴灑使用。

自製蒜辣肥皂水

如果能將各種驅蟲材料混合，更可製作出效用更好更廣的驅蟲防蟲劑，並兼具殺蟲效過，只要使用廚房剩下的食材和肥皂就可以了。使用時要確實噴到葉片正反面及土表，才有除蟲與驅蟲的效果。

1 準備大蒜、洋蔥、辣椒粉和肥皂（或洗衣粉）。

2 將大蒜和1小塊洋蔥都研磨成泥狀。

3 加入辣椒粉約10c.c.。

4 再加水1公升混合均勻並泡上1小時。

5 過濾掉殘渣，以免使用時阻塞噴孔。

6 加入10c.c.肥皂液（或洗衣粉）。

7 混合調勻後即可裝瓶。

8 直接使用對蟲害有預防及驅離效果。

示範@陸莉娟

為何我的天然防蟲劑沒效？

很多人會懷疑，為何自製的大蒜辣椒水都沒效，就來看看製作及使用上是出了什麼問題。

✘材料量不足

如果材料量太少，或稀釋太多，其中的有效成分就顯不足，效果當然也會打折。

✘放置過久

由於材料都屬生鮮，放久就可能變質，因此最好依需求製作適量，一次就用完。用不完的話可暫放冰箱，但也不可存放過久。

✘成份未萃取

若大蒜、辣椒只有切一切，並無法萃取當中的有效成分，最好利用擠壓剁碎、磨成泥的方式，才能釋出當中的有效成分。

✘下雨天使用

施用驅蟲劑跟肥料一樣，如果雨天才施，藥劑可能就被沖走或變稀，所以要在晴天施用最好。

簡單的植物繁殖法

播種法

自己播種的樂趣，並不僅僅在於種花而已，
看著植物從無到有的成長過程，
那種感動唯有親身體驗才能了解，
而其中的成就感和樂趣更是令人滿足。

種子為何會發芽？

　　儘管各種花草、樹木、蔬菜、水果，都可以在市場買到，但自己播種栽培讓它健康成長，卻是一件令人興奮又有成就感的事。這種感覺就像自己是植物的父母，見證了它們誕生的神聖一刻。

　　讓種子萌芽長根，可說是自然法則中植物傳宗接代的唯一方式。但一粒不起眼的種子，為何會萌出幼芽，而後逐漸長成一株植物呢？事實上種子要發芽，除了本身的活力，還需要水分、溫度、空氣、光線等環境條件的配合。

・水分

有了水分，種子內儲存的養分才能產生作用，促使細胞膨脹、伸長喔。

・氧氣

從一粒種子開始，植物就需要氧氣來進行呼吸作用。

・溫度

每種植物都有其適合發芽的溫度。通常來自亞熱帶及熱帶植物約在25～30℃，而溫帶植物則約15～20℃。

・光線

光線雖是發芽的條件之一，但不是每種都需要。通常養分貯藏較少的細小種子，需要光線才能發芽，即為好光性種子；但有些種子卻怕光，即為嫌光性種子。

何時播種最好？

從開花期推算播種時間

如果種子來源是市售的種子包，那麼包裝上都會註明適合的播種月份、季節。

一般來說，春、秋是適合播種的季節，但為何有些在春天，有些要秋天播？因為通常開花植物至少需2～4個月的生長才進入開花，所以以該種植物開花期往前一、兩季，就是播種期了。例如夏秋季開花的，就於春天播種；春季開花的，播種期就在前一年秋冬。播種時也只要掌握這個簡單的原則就行。

播錯時節　小苗亦不良

植物自有它適合的生長季節，如果不按時節播種，那麼小苗對於該季節的溫度、氣候無法適應，反而會體弱多病，甚至夭折。所以播種前一定要瞭解植物的習性，在適當的季節播下種子，才能嘗到成功發芽的喜悅。

就算這個時節是植物適合的播種期，但要注意氣溫過高、颱風或寒流低溫時都會影響發芽率，另外也最好避開多雨潮濕的時節。

萬壽菊

五彩石竹

播種時節	種類
全年	黃波斯菊、小百日草、紅花鼠尾草、粉萼鼠尾草、向日葵、萵苣、繁星花、銀葉菊、觀賞辣椒
春播	大理花、木春菊、蜀葵、蔦蘿、蔓性夏堇、夏堇、皇帝菊、松葉牡丹、長春花、千日紅、雞冠花、草莓、薄荷、桔梗、馬齒牡丹
秋播	金蓮花、勳章菊、金盞花、百日草、金魚草、香堇菜、三色堇、美女櫻、大波斯菊、宿根滿天星、胡蘿蔔、裂葉美女櫻、天人菊、矮牽牛、香豌豆、福祿考、麥桿菊、萬壽菊、孔雀草、一串紅、五彩石竹、香雪球、四季秋海棠、非洲鳳仙

播種前的材料準備

　　播種前要先備妥基本的資材與工具，才能讓播種更加順利。首先要備好盆器，選擇顆粒較細的介質，將介質以灑水器澆濕後，還需要鏟子來挖溝挖洞以及覆土，最後插入辨識標籤即可。

播種介質

　　播種所用的介質，要顆粒均勻細小、疏鬆通氣、不含肥份，且土質要清潔，不帶病菌、蟲害或雜草種子，包括砂質壤土、泥炭土及珍珠石、蛭石等排水介質都適合。市面上也有已混合好的播種專用土。

播種盆器

　　播種的容器要能盛裝介質厚度5公分以上，並有排水孔。可使用播種專用的育苗盤或穴盤。而家裡的保麗龍盒、寶特瓶、水盤等容器，在底部挖洞後也都可做為播種盆器。

保麗龍盆

育苗盤

穴盤

・穴盤
專為育苗設計的穴盤，適用於中大型種子。優點是幼苗會整齊長在每個格子裡面，只要輕壓底部即可取出，並可依需求剪下來使用，移植上十分方便。

・灑水器
由於種子較小，最好採用灑水式噴頭，才不會在澆水時讓種子流失。

灑水器

加壓式灑水器

・鏟子
鏟面愈小愈好，可用來挖溝或者覆土。或小型盛土器也很好用。

播種 step 1 認識種子特性

　　播種前，要注意種子的保存日期、發芽率、播種時期、需光程度及發芽日數等資料，才有利於判斷播種的方式，有效提升播種的成功率。而這些種子特性，都從種子的包裝上掌握得到。

1.由日期看種子新鮮度

　　種子也有所謂的保存期限，通常是半年到一年，放置過久的種子新鮮度較差，相對的發芽率也漸低。而若超過期限，發芽率將會降低或不發芽。拆封後，也最好盡早播種完。

2.播種方式

　　播種方式與種子大小有關，通常包裝上寫著要撒播，就表示這是細小種子，大型的種子則多為點播。

3.嫌光性與好光性

　　一般沒有特別標示的種子即為嫌光性種子。通常，嫌光性種子在播種後需覆薄土。而好光性種子通常會註明種子需光不可覆土等字樣。通常細小的種子多為好光性。

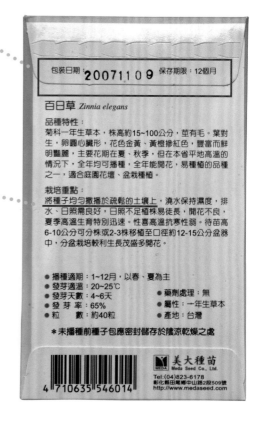

4.播種時期與適溫

包裝上會標明播種適合季節，甚至清楚的月份。而發芽適溫最大的提醒，就是最好避免在異常高溫或低溫的日子播種。

5.發芽天數

一般來說，發芽天數約為7～14天，但依植物不同仍有差異，有些短短3天，有些卻要等上一個月。注意發芽天數，才不會以為是發不了芽而失望。

6.發芽率及粒數

一般種子發芽率通常為70%左右。配合種子粒數及發芽率等數據，即可大約估算會長出多少植株。

包裝日期： 2007.10.06　保存期限：12個月

翠菊　*Callistephus chinensis*
品種特性：
屬菊科1年生草本，株高約15-70公分，莖葉有剛毛，葉卵形，葉緣鋸齒。花頂生，花色繽紛豐富有紅、緋紅、桃紅、紫紅、紫、白等色，全年皆可種植，主要花期為春季。

栽培重點：
平地秋季8-9月播種最佳，將種子均勻撒播於日照充足、排水良好之乾淨疏鬆土壤，待本葉6-8枚可分株或2-3株移植至口徑約15-20公分盆器中，於預先混合有機肥料作基肥土壤中，分盆栽培以利生長茂盛多開花。性喜長日照，每日15小時最佳，種子壽命極短，開封後請立即播種，以免發芽率降低。

● 播種適期：1-12月，以早春、秋、冬為佳
● 發芽適溫：18～25℃
● 發芽天數：4-8天
● 發芽率：55%
● 粒　數：約80粒
● 藥劑處理：無
● 屬性：一年生草本
● 產地：台灣
＊未播種前種子包應密封儲存於陰涼乾燥之處

美大種苗
Meda Seed Co., Ltd.
Tel:(04)823-6178
彰化縣田尾鄉中山路2段509號
http://www.medaseed.com

4 710635 546014

7.栽培注意事項

發芽後續的養護照料，包括對日照的需求、如何施用基肥、何時該定植及移植注意事項等，在包裝上都有清楚標明。

種子使用常見Q&A

Q 種子包裝用手撕開有關係嗎？

一般會提醒種子包裝不要用手撕開，這是因為用手撕會容易擠壓種子，造成破裂受損，而用剪刀剪開包裝紙才會平整。

種子包最好用剪刀剪開。

Q 播種後剩的種子要怎麼保存？

撕開包裝的種子最好儘速用完，以免發芽率下降。若真用不完，冰在冰箱裡可藉由低溫延長種子壽命，保持較佳的發芽率。一般草花或蔬菜種子最多可冷藏3～5年左右，但也要注意某些植物種子特別不耐保存。冷藏時種子須包好，裝到密封袋或玻璃瓶中，亦可放入乾燥劑增加保鮮度，並標明種子名稱及放入冰箱日期，以免日後遺忘。

將種子包好註明品種及置入冰箱的日期，放密封罐內再置入冰箱。

Q 草花開完花後可自行採種子播種嗎？

草花的種子是可以採集的，但要收藏到下個適合季節才能播種。跟上述保存法一樣，種子包好後放於冰箱或無光線的陰涼乾燥處即可。但許多買回來的草花，都是使用經交配過的第一代種子，自己採收的則是雜交後的二代種子，很可能遺傳不良，長出來的品質不若原本的佳。

草花可採集種子播種，但容易出現品種劣化。

播種 step 2　幫助種子發芽的處理

一般的種子都可以直接拿來播種，但有些植物則需要先經過一道處理程序，打破種子休眠，才能夠促使種子順利發芽。依種子類型及植物需求的不同，通常會有3種處理方法。

1.刻傷法

若種子有堅硬外殼，通常需要將外皮刻破，使水分能夠被胚芽吸收生長，例如荷花種子。不過需此法處理的種子，在市面上的幾乎都已處理過了。

有人會直接用溼透的棉花或衛生紙來做播種，但其實這種方法可能會使種子吸太多水分而漲破，且發芽後移植時也有風險，因此最好還是浸水後再播種於介質裡。

2.浸水處理法

將種子泡在水裡約1～6小時（依種類而定），使其充分吸收水分後再行播種。例如金蓮花、香豌豆種子。

3.低溫處理法

有些種子會放在冰箱冷藏約7到30天後再播種，這是因為某些種子可用低溫打破休眠，如三色堇種子；或者因為其發芽溫度較低，冷藏後可增加發芽率，如萵苣類種子。

依種子大小 選擇播種法

播種前的基本動作

由於許多種子細小，播完種後一澆水，種子就被沖走了，為了讓播種更加順利，不管用何種播種法，都可先將介質整平並噴濕。

1 調配好適當介質，鋪入播種盆器中。

2 將盆器上下晃動使介質平整。

3 噴水，讓介質含水讓種子得以吸收水分。

種子大小

撒播

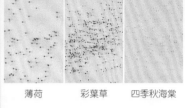

用於**小於0.5cm**的小型種子

| 薄荷 | 彩葉草 | 四季秋海棠 |

條播

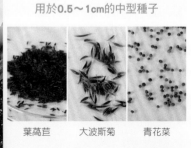

用於**0.5～1cm**的中型種子

| 葉萵苣 | 大波斯菊 | 青花菜 |

點播

用於**大於1cm**的大型種子

| 玩具南瓜 | 苦瓜 | 絲瓜 |

直播

有些植物因為栽培採收的便利性，或種子生命力強盛，如小白菜、萵苣、波斯菊，或是植物不適合移植，如蜀葵、向日葵、牽牛花…等，只要將種子直接播種在栽培地點，不需經過育苗移植的程序，就能立即產生整片壯觀的生長效果。

播種法

• 撒播

假若種子實在太細小，很難控制種子的密度，可以將種子混入細砂，撒播時會較均勻。

A 將種子倒入塑膠袋。

B 再倒入細砂或介質，搖晃袋子將兩者混合。

C 均勻播撒於介質上。

• 條播

是在土面上距劃出一條條間距適中的溝穴，將種子平均撒入溝內，植株生長較撒播整齊。

A 用鏟子或手在介質上劃出土溝。

B 將種子均勻插入溝中。

• 點播

在適當的行距挖出淺穴，每穴大約放2～4顆種子，日後發芽再拔除多餘植株，才不會缺株。

A 在介質上挖穴。或利用穴盤。

B 將種子置入穴中。

播種
step 4

播種後的栽培作業

撒下了種子，還要清楚照護方法，你的種子才會更順利發芽。

覆土

好光性種子不需覆土，嫌光性則需覆薄土，通常顆粒較大的種子多屬嫌光性。覆土就是播完種後，於種子上再覆蓋一層介質，可讓種子與土壤密合，避免種子沖失，並穩定幼苗生長。覆土厚度不宜太厚，約是種子本身的厚度。

通常大型種子多屬嫌光性需覆土，但厚度約等同種子，勿把種子埋太深。

播種後的澆水方式

種子發芽期間需要大量水分，因此要保持適當濕度，若過於乾燥會降低發芽率，但也要避免澆水過度讓土壤透氣不良。一般灑水方式易使種子流失，以底部吸水及噴霧式噴水為宜，並以早晨澆水最佳；另可在容器上蓋保鮮膜，減少水分散失。室外播種時，下雨時最好移至避雨處。

吸水法

將花盆底部浸入水盆內，讓土壤完全濕潤。

噴霧法

以噴霧式灑水器澆水，避免種子流失。

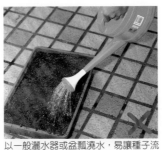

以一般灑水器或盆瓢澆水，易讓種子流失。

蓋上保鮮膜可減少水分散失。

提供適當光線

播種後要移到光線充足的地方，讓小苗一發芽就能接受日光，才能健康生長。若是嫌光性的種子，可蓋上黑紗網或報紙，等到種子開始發芽就能把紗網拿掉。

盆器上蓋紗網可助遮光。

播種 step 5　**發芽後的栽培管理**

種子發芽了是不是很開心呢？同樣地，發芽後也要注意栽培管理，才能期待它長大後的模樣。

・施肥

發芽後的幼苗期間，就需要補充適量的肥料，才能供應長大的養分。可以稀釋約1500倍的三要素速效肥，一星期做一次葉面施肥。施肥要點通常在包裝上亦有註明。

剛發芽的幼苗期可施稀釋過的液肥。

・幼苗移植

移植時機約是本葉長出3～6片，這在包裝上也會註明。通常會移到3吋的盆器，若一開始就移到大容器或土地上，會有水分控管不均及根系生長不良的問題。在移植時亦可進行摘心，能促使側芽生長。移植後並施用速效肥料。

當苗的本葉3～4片時，就可以將植物移植到盆中。

・疏苗

不管用何種方法播種，等發芽後，若栽種密度過高，就必須將瘦弱的苗拔除，並保持各苗適當間距。

小苗密度太高可拔除瘦弱苗以保持間距。

用穴盤育苗能方便保持苗株間距。

種子為何不發芽

了解種子特性與栽培事項後，會發現各方面原因都有可能影響種子不發芽。這裡就整理出大致因素，包括：種子不新鮮或貯藏不當，土壤不乾淨，未打破種子休眠期，澆水時讓種子沖失，播種環境不適合如陽光直曬、水分不足，覆土太厚，誤判好光及嫌光需求等。

草花播種定植全紀錄

以非洲鳳仙花為例

1 準備塑膠籃、介質、木條、紗網、標示牌。

2 在籃子中倒入5公分的土，並將土壤中的顆粒弄碎，如有大塊纖維則需去除。

3 用木板輕輕地將土壤弄平。

4 用尺或木條，以2～3公分的間隔距離做出小畦。

5 取出種子，以等距離輕敲方式，均勻散佈於小畦中。

6 覆土，厚度約為種子的1～1.5倍。

7 將水澆在畦溝裡，切記力道要小一點。

8 把寫好品名、播種日期的標示牌插上。

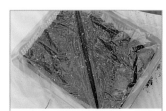

9 套上已鑽洞的塑膠袋、塑膠板或保鮮膜，能讓水分不易散失。

10 待本葉4、5片時，移植到3吋盆。

11 移盆後要記得馬上澆水

12 在移植的同階段亦可進行摘心，促使其長側芽。

13 為了使幼苗快速長大，需施一些速效肥料。待株高10公分時，則可定植。

示範@周金玲

穴盤條播法 STEP BY STEP

以大波斯菊為例

1 大波斯菊一粒一粒放到穴盤裡。

2 排好之後,用灑水器澆水。

3 約五天之後,就會長出小芽。

4 把小芽從土裡挖出來,仔細看根很長哦。

5 小苗定植到大一點的盆器。

6 可以種深一點,下面的胚軸會再發根,有利植株生長。約二周之後,新葉會陸續長出來。

示範◎陳坤燦

169

播種法應用
種子小森林自己種

　　花市裡常看到枝葉茂密的種子森林，如咖啡、柚子、羅漢松、火龍果……，蔥綠蓬勃的模樣會讓人愛不釋手。其實只要自己播種，也可得到一方小森林喔！

播種選擇木本植物

　　種子森林植物的選擇性在於木本植物，原因是木本植物的莖較健壯，可支撐幼苗使直挺，才會像片小森林。所以路樹的種子，或吃完吐出的水果籽，都可拿來種喔！自己採集的可用水洗過再風乾保存；水果類則要洗去果肉、表面果膠，以防果蠅。

　　至於哪種種子好？跟選食物一樣，就是要「成熟又新鮮」，發芽率才會高。挑選時還可用簡單的「水選法」，將種子泡水，沉入水中的就表示較結實，發芽率較高。

　　播種時，種子的尖端朝下，才會長得挺立整齊。你可將種子按一定距離間隔置放，也可將它們擺放得疏密有致，那麼會出現羅列壯觀的人工林，或多采多姿的自然林，都就由你一手決定了。

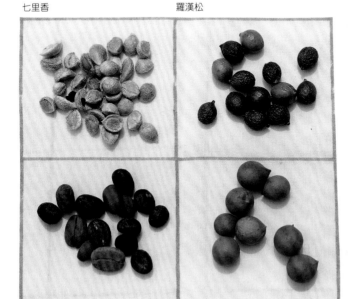

七里香　　　　　羅漢松

咖啡　　　　　　竹柏

竹柏（火龍果）

柚子

種子森林播種 STEP BY STEP

1 將土壤噴水弄濕。

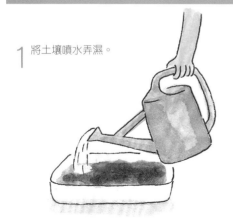

2 盆器內裝八分滿的土，再排列放入種子。若同時有多盆，可做標籤記錄。（各種子處理及入土方向皆不同，須注意）

3 種子上鋪一層薄薄的土，厚度約為種子直徑的1、2倍。並噴水使土濕透。

4 等種子發芽後，可做摘心動作，剪除頂芽，促使植株生長更密。

5 一顆顆幼苗冒出頭長成小森林囉！

栽培注意事項

·土壤：可用培養土或椰殼土。椰殼土的好處是排水快，澆過水顏色深，容易一眼辨識。

·播種：種子盡量選擇成熟又新鮮，且要注意入土方向並排列整齊。

·澆水：土乾就使其略濕即可，不要積水。葉片上可時常噴水，使葉片保鮮更直挺。

·日照：適合放於室內陰涼處。充足日照會加速成長，且有些種類葉片容易曬傷。

·修剪：莖葉長高後，可剪除第二、三層葉片，使養分更充足。太擁擠則要疏苗。

·移植：觀賞期可達1～2年，但種太久仍會因生長空間不足而顯衰弱，可將部分移植出來給予更大空間。

小森林發芽生長全紀錄

4種小森林播種祕訣

咖啡

• 泡水
先泡水約3、4小時打破休眠期，較易發芽。泡水後染色層會連同外皮脫落，剝不剝除都可。

• 裂縫朝下入土
咖啡豆一半埋入土面再覆薄土。記得種子中央裂縫有裂出頂端的一面朝下，該裂縫處就是發芽的地方。

• 留適當間距
由於咖啡葉片較大，各豆間距約留1～1.5公分，才能避免長大後葉片過度摩擦。

竹柏

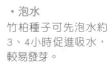

• 泡水
竹柏種子可先泡水約3、4小時促進吸水，較易發芽。

• 尖端朝下入土
種子尖端朝下，種入土約一半高度。各種子間留1公分間距，排好後再覆薄土。

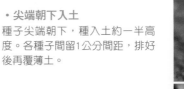

• 整齊排列
竹柏莖挺葉茂，整齊排列就很有型。還可隨喜好做造景搭配。

羅漢松

• 泡水不剝皮
市面上有現成的羅漢松種子，皮可不用剝除，可先泡水3小時至一天，縮短發芽時間。

• 灑播
直接灑播到表土上排得密密的，再覆上薄土噴濕即可。

• 種子外皮會逐漸裂開，細長葉片從下方慢慢長出，很可愛喔！

白柚

• 泡水洗淨
取下來的白柚種子要泡水洗淨達1星期，每天都要換水，徹底洗去果肉及具黏性的果膠。

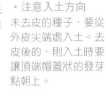

• 注意入土方向
未去皮的種子，要從外皮尖端處入土。去皮後的，則入土時要讓頂端帽蓋狀的發芽點朝上。

• 去不去皮皆可
洗淨後的種子去不去皮皆可，若去皮後呈深咖啡色。

入土方向

扦插法

想不花錢又繁花錦簇？
想讓珍愛的花草不斷綿延？
善用植物的枝條、葉片，我們可以創造或複製許多新的綠色生命，
而且可以比播種更快得到成果喔！

什麼是扦插？

　　扦插，就是將植物的根、莖、葉等部分剪下，插入介質中使它生根成新株的一種繁殖方法。由於方便操作，發芽速度及成功率也高，因此成為最被廣泛運用的繁殖法。

選擇健壯插穗

　　依植物特性不同，取枝條扦插的就是枝插，多數草本和木本植物都適用；取葉片實行的就是葉插，用於無明顯莖的植物上。無論枝插或葉插，凡拿來扦插的枝葉，都通稱為插穗。在

　　選擇插穗時，由於新生的植物會遺傳母株的固有特性，所以需剪自發育生長良好且無病蟲害的母株。

網紋草枝插後長出的小苗。

扦插法只要準備
一盆新土及一把利剪。

扦插應避開花期

　　扦插的時機則應避開花期，尤其是有開花植物要特別留意花開花謝的時間；例如杜鵑花通常在2、3月開花，所以須等到5月後花謝後取新枝再扦插。若是四季開花或常綠植物，則幾乎任何時候皆可，只需將花苞剪掉即可。另外，像是銀柳等落葉植物，在落完葉後、發芽之前的時期最佳。

靠著將枝條扦插，可以期待它長出根系，變成新的植株。

常用的4種扦插法

1、枝插

取含有2～3節枝葉的莖幹做插穗，多數的草本及木本植物都適合。

2、葉插

直接使用葉片做插穗，通常用於葉片肥厚的植物，如非洲堇、大岩桐、椒草等。

3、芽插

只取帶一個節的枝作插穗，多用在苦苣苔科植物與椒草較多。

4、根插

取植物較粗大的根部，可作為扦插使用，通常是植物換盆或移植時才能取得材料。

扦插法
1.枝插

枝插成功的秘訣

1.使用乾淨的全新介質

建議操作時完全使用新開封且無肥份的介質，才不會插穗傷口受細菌感染。此外介質須排水良好，可用培養土、泥炭土或砂質壤土，混合同等分的蛭石與珍珠石。

介質乾淨無菌，插穗才不會染病。

2.使用乾淨鋒利的剪定鋏

剪插穗的刀剪要銳利、乾淨，最好用園藝專用剪定鋏，使用前先用75％酒精擦拭，再火烤消毒，才能避免切口周圍的組織受傷而感染病菌。

剪定鋏要銳利才不會傷害插穗切口周邊組織。

3.選擇健壯飽滿的枝條

要剪取最健壯的枝條做插穗，其莖中充滿養分，生長勢佳，扦插後成活率就很高。若拿修剪下來的細瘦枝條來扦插，因原就生長不良，日後成長也會較衰弱。

選擇粗壯枝條扦插，存活率較高。

・插於水中亦能長根

部分植物也可以扦插於水中（建議使用乾淨礦泉水），等根系長出後再移入土中。移植後大都能成活，但亦可能發生適應不良。

・新枝快，老枝慢

當年生的新枝累積較多生長激素，有利萌芽生長；但也可能生長衝太快，反而根沒長出來。通常草本植物就適合取頂端帶有頂芽的嫩枝。

一年生以上的老枝則富含較多養分，但活力差，扦插後生長比新枝慢。木本植物就適合以成熟的中段枝條進行扦插。

新枝

老枝

4.插穗要帶有2～3個節

插穗沒有一定長短，而是要確認莖上帶有2至3個節。「節」是枝上長葉發芽的點，因為根會從節點生長出來，所以插進土中的部分至少要有1、2個節，只剪下1節，或剛好在節與節間的位置，會很難發根、發芽。

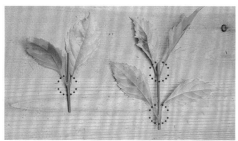

插穗最好至少帶二節以上較佳。

5.剪下插穗風乾可減少感染

插穗切口風乾後再扦插，可避免介質裡的病菌從含水分的傷口侵入。尤其仙人掌及多肉植物切口會流汁液，須先風乾傷口再扦插，否則易感染。但像聖誕紅、麒麟花等大戟科植物，則因為防禦而流乳汁，擦乾後即可扦插。

插穗切口風乾可避免染病。

6.葉片剪半減少水分蒸散

為減少水分蒸散，葉片較大的插穗可將葉子從中剪去一半。莖部較肥壯的植物，葉片甚至可完全剪除。

想讓植株美觀而不想剪去葉片的話，可定時噴水，或在盆上套透明塑膠袋並擺在稍遮陽處，也能減緩水分蒸散，使葉片不枯萎。

葉片剪半或套上透明塑膠袋，可保插穗不失水。

7.木本植物可用發根劑促進發根

木本植物因樹皮結構影響或生長激素不足，有時插穗會很難發根。可在切口處塗抹發根劑，能促進發根，並使長出來的新株更強壯。粉狀發根劑可直接沾用，液態發根劑則要將插穗稍微浸泡使其吸收。

發根劑可促進發根，增進成活率。

8.依植物類型選對季節扦插

扦插的時節要依植物生長習性，例如熱帶植物在冬季扦插就不易成活，而溫暖季節扦插的溫帶植物，也會新芽生長比根部快，使水分供需失衡。基本上，草花在春至秋季最宜；熱帶植物適合春末夏初；而觀葉植物若在室內扦插四季都可以操作。落葉木本植物則要在冬末春初回暖時扦插。秋冬較冷時，可在盆子上套透明或半透明塑膠袋來保暖，但要用牙籤戳幾個通氣孔。

扦插的季節不對，容易失敗
圖為冬天扦插的變葉木。

新芽生長比發根快，插穗易乾枯。

9.介質略乾才澆水

扦插後要立即澆水，否則插穗失水後存活率很低。在長出新葉前，也一定要保持土壤濕潤；但太濕，插穗容易腐爛，所以觀察介質略乾再澆水。

介質水分太多插穗易腐爛。

10.觀察枝條掌握發根情況

因植物不同，插穗發根時間約在1～4周左右，你可以觀察枝條不顯乾枯，會開始抽新芽，葉子呈綠色並長出芽苞，甚至抓取枝條時會有點緊，就表示植物長根了。但切勿抽出插穗，否則幼根會受損。

隨意抽出插穗，根系易受損。

11.避免陽光直射

剪取插穗最好在清晨陽光還沒照射時，避免正中午時剪取。扦插後最好置於陰暗處，避免陽光直射，才能減少光合作用進行，降低水分流失，直到根系、新葉長出或植物適應後再移回原環境。

木本植物
扦插示範 STEP BY STEP

半木本花卉
愛情菊扦插 STEPS

1 剪取生長強壯的插穗數支，儘量選擇沒有分岔的單一主幹枝條。

2 去除下位葉，保留至少兩個結點。若插穗上有花或花苞，也要剪去，避免養分消耗。

3 在秋冬較乾燥，或鄰近夏季前天氣較熱時，為了避免水分散失過快，可將插穗的葉子全數剪成半葉。

4 將插穗插進乾淨的培養土中，一個小盆可扦插數支。

示範@梁群健

灌木花卉
麒麟花扦插 STEPS

1 剪取插穗：趁整理盆栽的時候，將過長的枝條剪下來使用，春到秋季都可以進行扦插。

2 整理插穗：將插穗上的花苞、花朵剪除以免消耗養分，會插到介質中的葉片也要剪除。

3 去除乳汁：枝條切口會泌出乳汁，可以擦掉或等其自然乾燥後再扦插。

4 插入介質：枝條插入介質中，5吋盆可插5枝，以站穩不傾倒為考量，插好不可立即澆水，以免傷口感染腐爛。

示範@陳坤燦

香草植物

迷迭香扦插 STEPS

1 培養土裝入小盆中約八分滿，並稍微壓緊實。

2 從迷迭香頂部剪下約15公分枝條，用手指壓住枝條底端約3公分處，往下移將葉片摘除。

3 底端葉片去除後就可直接扦插。或已可先泡過促使發根的發根劑，促進生長。

4 筆直將迷迭香插入土裡即可。

蔓藤植物

龍吐珠扦插 STEPS

1 挑選龍吐珠枝幹已木質化部份斜剪。剪下部分須有兩處分枝點，共四片葉，切口略近分枝點。

2 將下部分枝點的兩片葉子剪除。

3 上部兩片葉子各從中間剪半，可減少水分蒸散。

4 枝條稍傾斜插入土中，讓土覆蓋下部分枝點即可。

5 同時可插入數枝。

6 完成後將盆子置於網架旁，提供攀爬空間。

示範@陸莉娟

扦插TIPS

插穗的長度：所有植物在剪取插穗時，最好要有2個節間的長度，因此插穗長度會視植物種類與生長狀況有所差別，並不需要拘泥於資料的公分數。

2個節間

草本植物
扦插示範 STEP BY STEP

繁星花扦插 STEPS

1 取強壯枝條作插穗,需有兩個節點,並將花苞部分剪掉。

2 因為扦插不能有花苞,所以小花苞亦需剪掉。

3 將大片的葉子剪掉一半,避免水分散失較快。

4 插穗下部的葉子要剪掉。

5 插穗切口沾一下粉狀發根劑。

6 以每株4～5公分的間隔距離將插穗插入土中。

7 完成後記得澆水。待插穗發根後即可移植到軟盆或3吋盆。

示範@周金玲

181

匍匐型草花

松葉牡丹扦插 STEPS

2 剪下莖條準備扦插。

1 從松葉牡丹盆栽上剪下一段約7～10公分長的莖條。

3 用來扦插的培養土最好有點微溼，不要乾透的。將莖條插入1～2公分深。

4 因松葉牡丹怕水，所以扦插後的莖條一周內不要澆水，以免土壤太過潮濕。但也要參考天候狀況，若是夏天太乾不澆水就容易乾枯。

示範＠陳坤燦

彩葉草扦插 STEPS

1 取強壯枝條作插穗，需有兩個節點，並將花苞部分剪掉。

2 先插在清水中，放戶外不受陽光直射或室內明亮處。

3 大約1周就會長根。

4 2周就可以移植到適合盆器內，移植時即可施肥，並進行第一次摘心。

示範＠陳坤燦

蘭花
石斛蘭扦插 STEPS

1 準備蘭株、寬口盆子、水苔。

3 盆內裝水苔，把花莖用水苔包覆，插入盆中。

4 加入水苔，固定花莖，並提供植株水分。

2 剪下莖條準備扦插。

5 小型的石斛蘭繁殖時，也可定植於蛇木板上。

示範@陳坤燦

多肉植物
長壽花扦插 STEPS

1 長壽花謝了以後，可以準備枝插。葉插亦可，但生長較慢。

2 剪下帶有兩對葉片的枝條，並放到隔天，讓切口乾燥。

3 每個3吋盆插一枝插穗。因其多肉耐旱，插完勿馬上澆水，隔天再澆。

示範@陳坤燦

多肉植物
仙人掌扦插 STEPS

大部分的仙人掌與多肉植物的種類，都能夠利用莖部扦插來分加以繁殖。但最重要記得切下的插穗應放置1、2周，待傷口風乾後再進行扦插，且要用排水良好的全新介質。

1 切下仙人掌的莖部，若有子球或分枝，可直接順著連接處以手剝下，縮小傷口大小。

球狀仙人掌類，可利用子球來扦插繁殖。

團扇類仙人掌，可利用末端的莖部來扦插繁殖。

有些品種的莖幹分支明顯，則可以將莖幹分段切下來扦插。

柱狀仙人掌類，例如龍神木、金星柱、大鳳龍等，可利用莖部來扦插繁殖。

2 切下插穗放置1、2周，待傷口乾了才可扦插。傷口上若有泥土要以乾淨清水來洗掉。傷口也可塗抹專用的殺菌劑。

用來分切莖幹的刀子要消毒，避免感染。

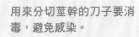

3 待傷口乾了再扦插於盆中，介質必須使用新的培養土，最下層可鋪粗顆粒土以促進排水。並可添加少許的長效性顆粒肥。

葉插成功的秘訣

扦插法 2.葉插

葉插是所有繁殖法中比較特殊的一種，優點是可以大量繁殖出新植株。適用於沒有明顯莖的植物，如非洲堇、大岩桐、椒草、石蓮花、金錢樹、蛤蟆秋海棠等。

一盆一葉插

葉插通常以一盆一葉插為主，但需求量大時，也可以將一片葉子切割成多份來做葉插，不過適合葉插的植物通常葉片都厚實、多汁，常會有切口較大、容易受細菌感染的問題，因此一般在家操作時，建議還是一盆一葉插即可。

標準的一盆一葉插

選擇成熟葉，葉柄不需太長

選擇葉插的葉子時一定要選擇從中心往外數較外輪的成熟葉，生長勢較強。從葉子的柄處取插穗，為了避免潰爛以及妨礙養分吸收，大約留1公分的葉柄即可，不須太長。

葉插插穗要取成熟葉，且葉柄不用太長。

介質要乾淨

葉插時對介質的乾淨度要求更高，最好選擇無菌全新、無肥的培養土及珍珠石或蛭石等排水介質。

切口先風乾再扦插

取下的插穗先不要急著插入介質中，應先將之置放於通風處約10分鐘，讓切口風乾再行扦插，以避免切口染病或腐爛。

等葉柄切口風乾後再進行扦插。

保濕很重要

葉插同樣重視水分保濕，記得土乾後就要澆水，並可用透明塑膠袋或蓋子套住盆子，加強保濕度。待2周後長根就可以移植，長根時也可以添加發根劑，以利根部茁壯生長。

葉插時最好用無菌全新的介質。

加上透明蓋子可有助保濕。

各種葉插示範STEP BY STEP

草本花卉

非洲菫葉插定植 STEPS

1 將外輪的成熟葉剪下。

2 放在通風處風乾切口。

3 將切口處插入介質中。

4 扦插一個月至一個半月後開始發芽。

5 挖出母葉與苗,一片葉子可再分出數株小苗。

6 選較強壯的苗移至另一盆,移植後剪除母葉,減少營養分享。

7 移植3個月後成株,記得要常移動植株,以免一邊面光太久造成歪斜。

8 6個月後長出花苞。

示範@許龍珠

觀葉植物

椒草葉插 STEPS

1 葉子開始長多就能做葉插繁殖。另準備小盆和介質即可。

2 於椒草頂端一分枝點剪下。

3 將分枝點上葉片個別剪下。

4 各片葉直接插入介質中,使莖部入土即可。

5 最後別忘了澆水。

6 葉插繁殖一年後的成長情形。

示範@陳坤燦

多肉植物

石蓮葉插 STEPS

多肉植物極適合取下肥厚葉片來扦插，例如石蓮、虹之玉、銘月、朧月等，約經過1～2月，即可長出小植株。但記得葉片需完整不要有傷口，且不要覆土或將葉子插入土中，以免葉片腐爛。

1 將葉片從植株掰下。

2 將葉片平鋪在介質上。

3 經過1個月後，小芽已長出。

示範@梁群健

短葉虎尾蘭葉插 STEPS

1 剪下短葉虎尾蘭的葉片。

2 較長的葉片可以再分段利用。

3 一個盆內插一片葉子，要注意上下不要顛倒。

示範@陳坤燦

187

分株法

比起扦插，分株可說是成功率幾乎百分之百的繁殖法，不僅可為您解決植株生長過密的困擾，多出來的植株還可分享給身旁愛花的朋友們，讓大家一同享受蒔花弄草的樂趣。

認識分株

　　分株是一種無性繁殖，是指從母株叢中，將已經具備根、莖、葉、芽的個體分出，方法十分簡單，且新株成活率高，適合分芽不斷自底部生出的叢生性植物，包括草本花卉（非洲菫、鳳仙花、五彩石竹等）、觀葉植物（腎蕨、粗肋草、虎尾蘭等）、蘭花（嘉德麗亞蘭、萬代蘭等）、球根花卉（孤挺花、水仙……）等。

植株若生長過度擁擠，就必須強制分株。

植株擁擠就該分株

　　究竟該在什麼時候進行分株呢？一般來說，植株若已栽培多年，生長過度擁擠，就必須強制分株，以免消耗養分，導致植物愈來愈虛弱，甚至葉叢過密或根部盤結，都會影響植株正常生長；另外，也可在植株移植或換盆時進行分株，以減少多次作業的不便。

分株法就是從母株叢中分出具備根、莖、葉、芽的個體。

分株前判斷	・先確定新株已長根，可從植株是否長出新芽來判斷。 ・分株前應使盆土保持乾燥，以便作業。 ・避免開花期分株，以免影響開花，應在開花後再進行。 ・太冷或太熱的溫度都不宜分株，以免造成寒害或水分蒸散，導致脫水死亡。
分株作業	・最好使用新土，以減少細菌感染機會。並可添加有機肥當基肥。 ・需用剪刀或刀片分株時，可稍微過火消毒。 ・植株最好2～3支分成一叢，並保持根系完整，以利後續生長強健。 ・球根花卉分株須帶有根群，且球根須有少許葉片。 ・應局部修剪老根及莖葉，避免消耗過多養分。 ・為慎重起見，最好能在傷口處進行殺菌消毒。
分株後管理	・新株移植後，應先置放陰涼處幾天，避免直接日照，待其恢復生氣後，再移到光線良好的地方。 ・分株後要特別注意水分提供。

各類植物
分株示範 STEP BY STEP

觀葉植物

觀葉植物中包括腎蕨、粗肋草、白鶴芋、虎尾蘭、白紋草、武竹、觀賞鳳梨等眾多品種，都可以此方式分株。

竹芋分株 STEPS

1 分株需準備剪刀、空盆和介質。

2 將竹芋整株取出，可看到根系已十分緊密。

3 從介質中間剖開，若根系太緊密可剪除部分。

4 剖分成兩株。

5 各自放進不同盆器，填滿介質並輕壓。

6 分株後要特別注意水分提供，最好先澆水保溼。

示範@陳坤燦

大型草本植物

如果是地上土栽的草本植物，如香茅、香蘭等，看起來一大叢要如何分株呢？只要從基部剪下植株就可以了。

檸檬香茅分株 STEPS

1 地上土栽的大叢檸檬香茅，適合分株種於盆栽。

2 以分株方式，從檸檬香茅的根部連根剪起。

3 修除老葉。

4 離根部約10公分處剪除上半部莖葉。

5 將植株栽入土中，覆土壓實即可。

示範@大溪保健植物園

蘭花

蘭株若生育良好就可以長出子株;需待子株長出氣根,方可進行分株。

萬代蘭分株 STEPS

1 將已長出氣根的子株,以利剪剪下。

2 健壯的子株。

3 把子株固定於小盆中

4 置於較潮濕的環境中;並施加催根劑(稀釋2000倍)促進根系生長。

示範@蘇真成

水生植物

養在水盆中的水生植物,照樣會過度擁擠而需要進行分株。

睡蓮分株 STEPS

1 睡蓮盆栽已顯得擁擠需分株了。另準備陶缽、防水手套。

2 穿上防水手套,把睡蓮連整個泥團從盆中取出。

3 將植株順側芽開成兩半。

4 將一半植入陶缽中,注水至滿,分株即完成。

示範@陳坤燦

蕨類分芽

分芽繁殖是蕨類較常使用的繁殖法,全年可進行,但以6至7月最適合。

鹿角蕨分芽 STEPS

1 以刀片沿營養葉底部向四周連介質切開。

2 切下來的小苗底部可見根系。

3 先在蛇木板上放一些水苔,覆上小苗,再以鐵絲線固定。

4 過一段時間紮根到蛇木板後,即可取下鐵絲線。

球根植物

球根植物藉分球來繁殖是最快速的。分球時用手剝開，受傷面積較用剪刀小，而不易感染細菌。
一般球莖種植的深度以球莖多大就種植多深計算，唯獨孤挺花一類需要淺植，即稍微露出球莖脖子。

孤挺花分株 STEPS

1 3吋盆內的孤挺花生長空間
已不夠。

2 取出植株用手輕輕將母球與
子球剝離。

3 剪去孤挺花葉子保留一小
段即可，可減少水分蒸散
及養分消耗。

4 於盆器內填入適當高度的介
質，置入球根後，再填上
一層介質。

5 球根上端須突出介質，勿
種太深，有利開花。最後
澆水至透即可。

示範@林賓鶴

燕子水仙分株 STEPS

1 燕子水仙可以準備分株
了。

2 將植株從盆內取出。

3 用手將球莖一個個掰開。

4 剪去舊根和2/3的葉子，並
放到遮陰處1～3天讓傷口
乾燥、癒合。

5 將球莖種植到新盆中，並
壓實土壤。

示範@梁群健

具走莖植物

吊蘭分株 STEPS

有些植物會利用和土面上或土面下的走莖擴張地盤，如草莓、薄荷等，只要用這些走莖就可快速繁殖植物。

1 吊蘭的走莖已橫長出盆外。

2 剪取已長出根系的走莖。

3 將走莖種入新盆當中。或將橫長走莖直接壓入新盆土壤中，待根系長出後再剪斷與母株連結的部分。

示範@梁群健

多肉植物

百合科多肉植物分株 STEPS

多肉植物的分株，也是利用根、葉、莖的超強再生能力，來增殖繁衍。

1 準備多個盆器，以備分株。

2 將植株從原盆中取出。

3 直接用手將植株分開。

4 可分成數個完整的小植株。

5 將植株種到新盆裡。

示範@陳坤燦

壓條法

壓條法是偷取時間的捷徑，

你可從五年、十年甚至百年樹齡的母株上取走部份精華，

而實際上只花幾個月的時間，

想成為園藝高手，當然得學學。

什麼是壓條？

壓條法的原理與扦插極為相近，只是不用將枝條剪取下來，而是在枝上刻傷後，使其接觸土壤或介質，等待傷口發根後再切離母株，就成為新植株了。

這種繁殖法最初依賴母株的根系吸取水養分，待約1～2個月後發根，所以不會像扦插法會因環境改變而無法順利成長，存活率較扦插法高，通常用於扦插較難發根的木本花卉繁殖上。

空中壓條法。

炎熱夏季也易操作

壓條也是唯一即使在炎熱夏季也容易操作的繁殖法。由於夏季高溫加上正值生長旺季，新陳代謝加速，能促進新根的發生。反而是在扦插適合的秋季，因溫度漸低，植物新陳代謝也趨緩，此時進行壓條就得不到好效果。

園藝界熱門的桂花和玫瑰，經常使用壓條法取得新植株。

各種壓條法

進行壓條時，一般要選用成熟飽滿、無病蟲害的一、二年生木質化枝條。但取的位置會按植物型態與壓條方法而有不同。

單枝壓條法	空中壓條法	堆土壓條法	曲枝壓條
常用的壓條法，是取靠近地面的枝條，方便直接壓入土中。	取的位置要高低適當，採環狀剝皮法，傷口處直接包覆介質及塑膠袋防水。發根後從下面的環線切除，即可種於介質裡。	適用叢生的灌木植物，在枝條基部刻傷後堆土即可。	用於枝條長而易彎的植物。選擇近地面的彎曲枝條，切傷數處後每處都彎曲埋入士中。

木本花卉
壓條示範 STEP BY STEP

盆栽壓條法

桂花壓條 STEPS

1 先取另一個盆栽裝土。選較健壯的長枝，將接觸土表處環狀刮除表皮。

2 將枝條直接壓在土上，上面再覆土。

3 覆土處以石頭壓住。

4 待約1～2個月，等發根穩定即可將原枝條切除。

示範@柳枝芳

空中壓條法

玫瑰壓條 STEPS

1 在莖上輕劃兩個環線。

2 在兩環線間輕劃一直線。

3 拉起直線剝除兩環線間表皮。

4 在剝除表皮的環圈間覆蓋水草。

5 塑膠膜包覆水草後，綁束兩端。

示範@吳永雄

嫁接法

嫁接法有點像是植物之間的聯姻，將兩種不同種類的植株相互接合，其後所生長的植物，便會取其兩方的優點。

嫁接法就像是幫植物動手術一樣，讓兩個原本不同株的枝條，相互接觸並癒合後，形成同一株植物。通常想配育出不同的花色或果實，就會利用到嫁接法。

什麼是嫁接？

嫁接俗稱接枝、接木，通常用於木本植物，做法是取這株植物的一部分枝或芽（稱為接穗），接合在另一株植物枝條上（稱為砧木），而後癒合成長為同一株植物。嫁接法一般會用於改良品種，讓植物開出不同的花色，或結出不同的果實。要注意的是，必須同種類的植物才能夠嫁接。

櫻花樹的嫁接。　　　　楓樹。

扶桑花嫁接 STEPS

1 選擇生長健壯但是花朵較無特色的扶桑花當作砧木，將已木質化的枝剪去2/3以上，僅留1/3即可，現有留下的部分，如果有側芽要一併去除。

2 接著剪取開花美麗的夏威夷品系的扶桑花嫩枝當作接穗，選擇的接穗要生長健壯、枝條飽滿，而且新芽富有生命力者。接穗大約3～5公分，帶有1～2個芽。

3 砧木用刀剖開大約1公分的深度。

4 接穗下端用刀削成楔型。

5 接著將接穗插入剖開的縫中，務必要將插穗與砧木個別的形成層（皮與皮相連）接觸在一起，以後才能連結成活。

6 用塑膠繩將接好的部位綁緊，不能鬆動搖晃。

7 接好的枝條套上透明塑膠袋，可以避免淋雨澆水造成接合處感染病害，先放在不受陽光曝曬處。

示範@陳坤燦

玫瑰嫁接 STEPS

一般看到整叢開滿花的樹玫瑰，就是靠著嫁接出來的。選用的砧木通常是生長較健壯的原生種蔓性玫瑰，嫁接出來的花量，會比扦插還要多。愛種玫瑰的人，不妨試試嫁接法，會很有成就感的。

材料：
美工刀（或園藝專用芽接刀）
膠帶（塑膠繩或牙線亦可）
芽穗、砧木

1 剪取芽穗，先在芽點以上約0.5公分處，順著芽點切下。

2 將芽穗轉向，這次從芽點下方往芽點方向，切下整個芽點。

3 將芽穗內的木質部分撕除。

4 木質部分清除好的芽穗。

5 在砧木的兩個芽點中間，切一個T字型。

6 撥開T字型外皮，將芽穗插入切口處。

7 整個芽穗插入砧木中的樣子。

8 將砧木與芽穗的接合處包纏緊密。

9 芽接完成。後續就可插入介質中，期待長出新的玫瑰。

示範＠李文宗

換季的栽培管理

夏季避暑計畫

植物生長與溫度、陽光和濕度息息相關，
如何幫助植物安度酷暑，就是綠手指們的必修課程。
在此訂定一套植物避暑計劃，讓你的寶貝植物保持元氣，
過一個涼爽而愜意的長夏吧！

植物也會中暑

6、7月的炎夏，太陽熱似火球，不但人們受不了，植物也會曬昏頭。

普通植物的適合生長溫度，介於40℃至零下20℃之間。根據統計，一般植物的根系只要4℃～5℃左右便開始活動生長，但枝葉的發育則以17℃～25℃最適合。

屬於海島型氣候的台灣，夏天陽光強、溼度高，有時甚至飆到35℃以上的高溫，這種強日、高溫、潮溼的環境，容易造成植物的中暑現象，使得植物的呼吸作用會比同化作用旺盛，養分消耗增加，會導致植物衰竭；也易遭病蟲危害，讓很多植物生長不良。

高溫易造成怕熱的植物衰竭。

烈日造成的徵狀

熱浪來襲、氣溫高漲時，很容易讓植物中暑。但是如何得知家中的植物是否中暑，就必須細心觀察，才能適時給予綠色寶貝充足的水分。

症狀1 葉片焦黃有圓斑

當日光需求低的植物遇到強烈日照時，葉片會因水珠造成的凸透鏡作用，灼傷葉片組織，而產生葉端焦黃的現象，就稱為「日燒」。

症狀2 植株呈現脫水狀態

有些生長旺盛、葉大或葉多的植物，因本身光合作用旺盛及蒸散作用強，造成土壤水分易乾或根部吸收水分不及，導致葉片枯萎、掉落的現象，容易導致植株軟弱脫水的狀態。

夏季植物避暑原則

要讓不耐高溫潮溼的草本或木本類植物，安然度過炎熱的夏日，迎接下一個適合生長的季節，就是一般所稱的「越夏」。

避免植物體溫過高

植物避暑應先建立一個觀念，就是避免植物的體溫過高。植物既然是一種生物，就得進行各種生理活動，因此須盡量維持一定的體溫；由於這些生理作用多半於葉片中進行，所以一般以葉溫來代表植物的體溫。因此最佳的避暑方法，就是將盆栽放在通風涼爽處養護，適當遮蔭，避免強光直射，維持盆栽土壤不過分乾燥，適時修剪枝葉以減少蒸散，都可幫助降低植物體溫。

哪些植物特別怕熱？

草本花卉

涼季生產的草花、溫帶的球根花卉，常在夏季呈半休眠或休眠狀態，像非洲鳳仙花、天竺葵、矮牽牛、非洲菫、仙客來、水仙花、百合花等。部分香草植物如薰衣草也會耐不了高溫。

百合

天竺葵

非洲菫　　薰衣草

木本花卉

許多在春季開花的進口花卉及溫帶木本植物都怕台灣的夏季，尤其愈耐低溫的植物，就愈怕高溫的夏日，像繡球花、吊鐘花、日本紫藤、玫瑰等。

吊鐘花

繡球花

玫瑰

遮蔽陽光

避暑方法 1

過強的陽光會灼傷植物，使葉色劣化。遮陽不僅是調節光照的一種方法，也會直接影響到植物體溫的高低。舉例來說，氣溫17℃時，陽光直射的葉片溫度為28℃，整整高了氣溫11度；可是遮陽2分鐘之後，葉溫就約降10℃較接近氣溫了。只要善用方法，就能避開太陽的直射，幫助植物輕鬆越夏。

遮光網的運用

面積較大的庭院或屋頂花園，建議可加裝遮光網；要用多少遮光率，則視植物的種類與陽光的強度而定。以陽台來看，通常西向適用60%～80%左右的遮光網，東向陽台約40%～60%，南向看情況而定，北向則多半不需使用遮光網。

盆栽植物群植

數盆植物放置一起，可以相互遮蔭及增加溼度，進而降低環境溫度，比單盆放置來得容易越夏。另外，盆栽的擺放也不能過密，否則易生病蟲害，擺放的位置也可視植物的需光性、耐熱程度調整。

搬移屋簷下

屋簷下、牆角邊是躲避烈陽照射的好地方。有些植物也可考慮改吊掛式掛於屋簷下，藉以遮光避雨。

善用天然綠傘

可以善用高大茂密的庭樹，將某些不耐強光的植物置於其下，即成小盆栽的天然綠傘，有良好的遮陽效果。

避暑方法 2　保持通風

　　通風的種植環境，不只能降低濕度、減少細菌繁殖，也能降低溫度，促進土壤和植物本身的蒸散作用。置於室內的盆栽，只要維持空氣的流通即可；至於屋外的盆栽，在種植或擺放時，應保持適當的距離，使空氣能夠對流。

避暑方法 3　避開地溫

　　研究顯示，過高的地溫容易促使植物的吸水機能衰退，根系的呼吸作用因而遽增，也同時消耗植物的體力，必須讓根系的溫度比地上部分低5～10℃，才是適合花草生長的環境。因此讓水泥地面的盆栽稍微離地，便可以幫助植物避暑喔！

▋ 擺置花架

一般而言，只要離地5～10公分，氣溫即下降8～10℃，這是運用花架的原理。使用階梯式的花架，也可配合植物對日照的需求來決定擺放位置，由上而下分別是陽性植物、半陰性植物、陰性植物。

▋ 雙層盆器

若空間不大，也可考慮採用雙層盆器的方式，讓植物根部避開地溫。將盆栽直接置入較大的盆器中，盆與盆之間填塞充分吸水的水苔，澆水時也要讓水苔濕透，如此便可降低地溫。盆器以表面會滲透水分的素燒盆效果最佳。

避暑方法 4 水分管理

　烈日高溫下，勤於澆水，讓植物涼爽、降溫，是許多人對於植物越夏的錯誤觀念。

　水分的管理必須視植物種類與需水性來控制，部分喜溼型植物如觀葉植物類，可利用多澆水來降低體溫，讓水盤經常保持積水的狀態；不耐溼型植物如香草類，只要維持基本生長的澆水量，過多反而會引起根腐敗，造成植株死亡。

勤於澆水也能幫助植物降溫。

 Tips ・避開正午澆水

　　提醒您，澆水時間須避開一日最高溫的中午時段，突來的低溫水氣容易傷害植物，並且積留葉片上的水珠也會形成聚光作用，使水溫升高，進而灼傷葉片。

室內觀葉植物可多噴水保濕。

避暑方法 5 適度修剪

　修剪植物過盛及細弱的枝條、葉片，一方面可降低生長速度，強迫植物進入休眠狀態，避免消耗樹體、枝條的養分，一方面也可藉由整枝疏條的動作，讓整株植物更加通風，使植株更容易越夏，通常適用於灌木型植物如繡球花、吊鐘花。

花卉越夏修剪Step by Step（吊鐘花為例）

示範＠周金玲

1 茂盛的吊鐘花，在入夏時要做微量枝條疏剪工作，健化樹勢，幫助越夏。

2 花季末，將已開的花朵及小花苞頂梢去除。

3 將過細、過密、枯枝等基部剪除，不要修剪老枝，以免促萌發新芽。

4 移至遮蔭通風處，適量給水，才能越夏。

避暑方法6 減少施肥

為了避開生長條件不利的夏季，植物大多會減緩生長速度，部分或處於休眠停頓期，因此需肥量不高，這時就可停止施肥，以免施肥後植物無法吸收，反而傷害了土壤與根部。

夏季施肥植物可能無法吸收。

球莖如何貯藏越夏（百合為例）

1 百合屬夏眠植物，第一年栽培的球莖小，去掉花苞以養成開花大球莖於翌年使用。

2 待入夏後地上部份逐漸枯萎，可將地上部份剪除。

3 挖取地下球莖，並將土壤、根部清除乾淨。

4 放在蔭涼通風處1～2週，使球莖風乾及受傷部位癒合。

5 風乾球莖可裝入塑膠袋放置陰涼處貯放。

示範@周金玲

植物的防颱與治療

別忘了夏季還有一個最難預防的頭敵，就是颱風。人們可以在家躲過颱風帶來的強風豪雨，但對戶外植物來講，卻可能是傾倒斷枝的生死考驗。除了颱風來襲時將盆栽植物移往低處以擋風雨外，在颱風過後幾天還得觀察植物受損的現象。

颱風前先修剪

颱風過後經常可見路樹被風折斷而枝葉落滿地，所謂樹大會招風，所以在颱風來臨前，木本類的植物不妨先行修剪，減少受風面，並可依植物需求加上支撐，或繫繩穩固，都能增加抗風力。

烈日突曬使枝葉枯黃

颱風過後常又直接回復高溫炎熱狀態，植物有可能經風雨打落外圍葉片後，內側原本受光較少的葉片突然曬到烈陽，就容易產生枝葉枯黃的現象。這只須等植物自行適應即可，並不影響植物生長。

戶外植物要特別小心颱風所造成的損害。

土壤浸濕根部易腐病

颱風的強風可能會撼動植物，大雨會浸濕土壤，而使根系與土壤分離，甚而使根部受損、泡水腐爛，就容易受病菌感染，讓枝葉乾枯掉落。這時首要做的就是扶正植株，將土壤壓實立支架⋯，提供良好的排水，並修剪部分枝葉，降低颱風的傷害。

經風災撼動的植株，須將鬆動的土壤壓實，扶正後並立支柱加強支持。

冬季防寒計劃

冬天的東北季風，經常伴著著低溫與寒風而來，若再有冷鋒與寒流，對於植物可說是劇烈的氣候變化，這時該如何保護家中的植物，安然過冬期待春天，就是冬季的重要作業了。

冬季植物防寒原則

　　台灣氣候溫和，冬季並沒有溫寒帶的嚴苛冷冽，不利於植物生長；但是受到大陸性冷氣團的影響，經常會有突來的冷鋒與寒流侵襲，使得氣溫陡然驟降，這種突如其來的溫度變化，是植物所無法忍受的。

什麼是寒害？

　　植物對於周遭環境的變化，是採用消極被動的態度來對付，它不像人類可以穿上衣服禦寒。也就是說，一旦溫度漸漸降低，有些植物便開始採取減緩生理反應，進入休眠狀態，使生長速度變慢甚至完全停止；有些植物則利用落葉的方式，以期順利度過寒冬。

　　然而，每一種植物都有其生長的低溫限制，一旦低於最低生長溫度，植物便會停止生長，甚至因為無法適應而枯死。

　　所謂的寒害，就是指瞬間降低至0℃～15℃

的低溫對植物造成的傷害；若氣溫再下降，則會產生傷害更嚴重的霜害。

　　一般常見的植物寒害，容易導致葉面受凍而枯黃、植物根部凍傷，甚至引起病菌入侵；因此，要使植物安然度過冬天，首先必須瞭解植物面對寒冷的反應，並仔細觀察植物的細微變化，做些適當的因應措施，方能使植物保持元氣，在春天時順利恢復健康。

遇寒冬低溫神秘果樹的葉片遭寒害而變得枯黃。

🌸 熱帶植物最怕冷

　　台灣的冬天並不嚴寒，事實上許多來自溫帶的植物還在此時生長得良好，相對地，來自熱帶地區的植物，就顯得比較怕冷一些。
　　根據植物的最低生長溫度，可分成冷涼、溫和、暖和三大類，其最低生長溫度分別是7℃、13℃和18℃。台灣較受歡迎的觀葉植物就是熱帶植物的大宗，它們大多是屬於第二類，如黃金葛、黛粉葉、蔓綠絨、竹芋等，雖然多會進入休眠狀態，但只要低於13℃以下仍可能停止生長，若遇到突然降至10℃的強烈寒流，就該預防寒害所可能帶來的傷害問題。

佛手芋

蔓綠絨

室內植物多來自熱帶地區，太過寒冷的氣溫會使它們進入休眠期。

防寒措施 1 調整盆栽位置

　　為了避免入夜後與寒流來襲期間的低溫，最好替家中的植物進行一次大搬家，把陽台上或庭院中一些耐寒性較差的熱帶植物移入室內，因為室內的溫度往往比室外高出好幾度。

　　但記得千萬不要讓植物在室內度過整個冬天，天氣晴朗時，最好還是適當的移至室外，讓它享受一個早上的日光浴，但時間切勿超過中午，因為中午以後的陽光較強烈，容易灼傷耐陰性佳的室內植物。

室內位置大不同

室內的不同位置，在溫度上也有一些差異。善用以下要點，視植物種類適當移動置放的位置，就可以有效地達到防寒作用：

1. 靠窗的位置白天由於有太陽的照射，所以較室內其他地方溫暖；到了晚上，卻因為最接近外面的冷空氣，而成為室內最冷的地方。這時必須植物移至房間的中央位置，遠離窗口至少20公分；或是放下厚重的窗簾，隔絕透過玻璃而來的冷空氣，使室內免受威脅。
2. 房間的高處（即靠近天花板）較低處溫暖。
3. 室內中央位置的溫度變化不大，可多加利用。

靠窗的位置白天有太陽較溫暖，但晚上卻最冷。

防寒措施 2 充足光線能提高溫度

　　陽光的輻射熱能可以提高溫度，因此晝短夜長的冬天，更需要注意盆栽的日照時間是否充足。例如可將原本放在室內的植物，移至光源較強的窗邊，或在天晴時將盆栽移到陽台，提供良好的光照環境，以利生長。

某些室內植物如虎尾蘭，即使進入休眠期也需要良好光照。

防寒措施 3　注重水分管理

冬季植物進入休眠期而停止生長的同時，需水量會相對減少，但也不能不澆水，反而更需注意水分的供給，因為一旦植物停止生長，水分還是會從葉子、莖幹內甚至土壤中蒸發掉。不澆水的結果，將使植物因缺水而乾死亡。

判斷澆水的時機，可以用手指感覺盆土濕潤的程度作為標準，冬天的水分蒸散較慢，因此澆水的次數應從每天1次減至每3、4天1次。總之，在植物需要水時才澆水，這就是冬季的澆水原則。

冬天澆水應待盆土乾燥後再澆。

防寒措施 4　減少施肥

在植物的生長時期，生長快速的室內植物需要很多營養，除了植物本身製造的葡萄糖外，還必須從土壤中吸收養分，因此須不斷地補充腐熟肥料。

然而，在冬季植物生長減緩甚至停頓的時候，植物已不需要過多的肥料，在此時施肥，不僅浪費肥料，也可能造成肥害。因此，冬天應減少施肥。

冬季植物生長減緩，應停止施肥。

防寒措施 5　穿衣保溫

幫助植物保暖的衣服有很多種，像是塑膠袋、木箱、紙箱、保麗龍盒等都是，把這些東西蓋在植物上，可以給植物多一層隔絕冷空氣的保護。其次，也可應用雙層盆，在兩個盆子之間填以保麗龍粒，避免盆外低溫對植物根部造成傷害。

一般來說，保溫只有在冷鋒來臨或入夜後才需要這麼做，但在高冷地區，這些保暖措施便很容易派上用場，不但適用於室內植物，亦可防止降霜對露地栽培所造成的傷害。

將杯子倒扣是最簡易的保溫方式。

5種簡易保溫法幫植物越冬

1.保麗龍保溫法

運用有穿洞的保麗龍栽種植物，可以促進植物發根，吸收更多的養分供植物越冬使用。但植物發芽時也需要保持植株的溫度與濕度，所以最好也能夠同時用寶特瓶將植物罩住。

運用有穿洞的保麗龍當盆器，替植物根部保溫。並可用寶特瓶罩住植株，替植株保濕保溫。

2.寶特瓶保溫法

運用唾手可得的寶特瓶來替植物保溫，是最簡易且可以普遍適用的方法；只要將寶特瓶底部切除，即可依照大小罩住各種尺寸的植物，多用在庭院或盆栽的中型或小型植物保溫上。需注意的是，如因溼氣過高導致寶特瓶內起霧，宜將瓶蓋旋開讓植物透氣。

1 選擇適當大小的寶特瓶，將寶特瓶底部切除。

2 直接將寶特瓶淺插入土裡罩住植物。

3 在寶特瓶起霧氣時，將瓶蓋旋開讓植物透氣。

4 澆水或施肥時直接拿開寶特瓶。

示範＠林芸萍

214

3.碗櫃保溫法

一般家庭使用的碗櫃由於有蓋子，非常適合拿來當植物的溫室。因為家裡的碗櫃通常有外殼及內架，擺入適當數量的小型盆栽後，斟入不超過內架高度的水，蓋上蓋子就成了簡易的保溫箱。此外，由於密室內會有蒸氣循環，只要沒水時再斟水即可，不需另外替植物澆水。

1 家裡的碗櫃通常有外殼以及內架。

2 在碗櫃內擺入適當數量的小型盆栽後，在碗櫃內斟入不超過內架高度的水。不可讓植物的根碰到水，否則根系容易腐爛。

3 白天可以將蓋子掀開，拿到戶外，讓植物行光合作用。

4 晚上則將蓋子蓋上，幫植物保溫。

示範@林芸萍

4.不織布保溫法

通常只有在寒害嚴重的地區，像是溫帶或寒帶地區使用，在台灣則適用高山上植物的保護。只要將不織布覆蓋在植株上方，即可達到保溫的效果。

1 選一塊適當大小的不織布。

2 將不織布覆蓋於植物上。

示範@林芸萍

5.稻草或草蓆保溫法

這種方法通常運用在大型植物上。首先要將植物的葉子剪除，然後再將稻草固定覆蓋在植物的主幹上，也可運用草蓆代替稻草來包覆樹幹更為便利。

怕冷植物避寒處方

夏季花卉

原生地在熱帶地區的藍雪花、矮仙丹花、火鶴花等夏季花卉，進入光線少及低溫的冬天，容易產生落葉或乾枯的現象。此時，應將植株移至防風處保暖，並修剪多餘的枝條、提供充足的光照環境，以減輕寒冬的不利生長條件。

火鶴花在冬季最好移入室內避寒。

球根花卉

冬天會進入休眠期的球根花卉，如彩葉芋、火球花、鬱金…等，在冬天可減少澆水避免植株受到凍傷，也不須施肥以免增加植物的負擔，如此便能順利越冬，隔年春天自能順利生長。

蘭花

蘭花是家中盆花的常客，不同的品種對於冬季的避寒方式也略為不同。

耐寒性較高的國蘭與東亞蘭，低溫對他們來說並沒有什麼妨礙；寬葉的蘭花如巨蘭、飄唇蘭、天鵝蘭等，低溫會落葉屬正常現象，寒流時必須斷水（完全不澆水）來抵禦低溫；至於文心蘭類、萬代蘭類，對低溫的侵襲要特別注意，應以節水（低溫不澆水、溫度回升才澆水）的方式協助越冬。其他種類的蘭花，只要注意幾大避寒原則，在白天澆水即可。

萬代蘭應以低溫節水的方式協助越冬。

熱帶觀葉植物

熱帶觀花植物越冬期間必須盡量移至日照充足、避風保暖的環境；如遇低溫而落葉，則應停止施肥，水分也須減少供應，保持土壤不至乾燥即可，也可趁此時修剪枝條，以免生長雜亂。

龍吐珠是熱帶植物，到了冬季會落葉休眠。

仙人掌

仙人掌的原生地原本就屬於溫差大的環境，加上有冬眠的習性，因此越冬時期不需刻意提高生長溫度與補充水分，只要盡量給予充足的日照時間即可。若冬季陽光不足，也可在盆土表面鋪上淺色粗砂，增加光線的折射與吸收，以補充不足的日照。

仙人掌盆土表面可鋪粗砂增加光線的折射與吸收。

水生植物

水生植物的越冬方式，必須視植物有無休眠期調整栽培方式。如銅錢草、傘草、莎草等常綠性的水生植物，即使氣溫降低，還是保有青蔥的綠葉，不會有枯萎休眠的現象。若是栽植有休眠現象的水生植物如荷花、千屈菜、鳶尾類的花卉，則可將枯枝殘葉修剪一下，以及降低盆栽水位，保持泥土濕潤即可

有的水生植物是常綠性的，即使冬天也不受影響。

蓮花在15℃以下也會停止生長，這時可將水放掉，但維持土壤溼潤，讓蓮花進入休眠。

跟著花草遊戲，一起輕鬆玩花草

花草遊戲 My Garden

四季草花種植活用百科
精選最適合本地，買得到、種得活的花草，一本真正實用的園藝完全指南。
作者：陳坤燦　定價：280元
特價：221元

多肉植物仙人掌種植活用百科
買得到的500種仙人掌及多肉植物，教你創造具有風格的多肉植物盆栽和小花園。
作者：劉耿豪／李梅華　定價：350元
特價：277元

四季盆花種植活用百科
最詳盡的盆花圖鑑、最簡單實用的種植技巧、最輕鬆有趣的花草應用。
作者：陳坤燦　定價：280元
特價：221元

室內觀葉植物種植活用百科
最詳盡的觀葉植物圖鑑、最簡單的種植技巧、輕鬆的植物組合應用及實例參考。
作者：陳坤燦　定價：280元
特價：221元

家庭菜園種植活用百科
本書四大特色：最實用的種菜、飲食知識，最詳盡的種菜管理技巧。
作者：吳宗明　定價：250元
特價：198元

蘭花入門種植活用百科
一本深入淺出教你看懂蘭花品種、居家佈置應用及步驟示範種植養護的蘭花完全指南。
作者：陳坤燦　定價：350元
特價：277元

野趣盆栽
帶你認識常見的野花野草，教你如何將這些野外美景移入庭院，自然重現在小盆栽中。
作者：陳國生　定價：420元
特價：332元

山城香草戀
本書介紹30種香草，每一株都有獨特的個性、氣味及運用。
作者：董淑芬　定價：280元
特價：221元

我的野菜花園
只要一個花盆，一堆泥土，馬上教你種42個想吃就摘的有機蔬菜。
作者：董淑芬　定價：280元
特價：221元

我的幸福農莊
醫生的太太，不用肥料，不用農藥，帶給讀者一股新的都市農夫及自然飲食風潮。
作者：陳惠雯　定價：280元
特價：221元

盆栽種菜超簡單
城市裡的蔬果菜園耕耘樂，沒有土地，仍可簡單用花盆來種出生機盎然城市菜園。
作者：董淑芬　定價：299元
特價：236元

居家堆肥活用百科
精選最適合家庭做的9種堆肥法，讓你輕鬆自製對植物有益的健康肥料。
作者：阿不　定價：280元
特價：221元

綠生活全書系

小空間盆花佈置

綠色盆栽當傢俱；精彩佈置風格小居家，140個精彩植物創意裝飾風小居家。
作者：麥浩斯編輯部
定價：280元

特價：221元

趣味盆栽小花園

超過70種創意盆栽組合，7座實地打造的盆栽花園，加上最實用的養護知識，一株盆栽就能誕生一座花園！
作者：沈瑞琳　定價：299元

特價：236元

陽台好好玩

從雜貨搭配、輕木工DIY、組合盆栽以及創意陳列四個方向，輕鬆教你改善陽台問題。
作者：花草遊戲編輯部
定價：250元

特價：198元

北海道夢幻私花園

瞬息萬變的氣候，使北海道的花卉格外艷麗，透過這些熱愛園藝的人士，期望能為你的花園灌注飽滿養分。
作者：廖惠萍　定價：380元

特價：300元

角落花草好好玩

無料=不花錢+創意滿點！居家常見的用品，廚房的鍋碗瓢盆…透過別具匠心的巧思，變成種花的好用盆器。
作者：花草遊戲編輯部
定價：299元

特價：236元

香草廚房好好玩

精選最適合台灣種植且最好運用的香草品種，一起來種香草、玩香草、吃香草！
作者：沈瑞琳　定價：299元

特價：236元

開運花草好好玩

書中介紹40種討喜的開運花草，植物選對了，氣場自然活絡，運勢將銳不可擋。
作者：花草遊戲編輯部
定價：299元

特價：236元

花園DIY好好玩

15個風格獨具手作花園，教你以少少花費打造一個適合住宅空間的綠意花園。
作者：花草遊戲編輯部
定價：299元

特價：236元

一花一葉的簡單生活

本書教你從生活找靈感，百種花草的搭配技巧，隨手創作簡單有型！
作者：陳姿蘭　定價：299元

特價：236元

盆栽變身小花園

從小到大……變～變～變；小盆栽將帶給你創意無限、變化無窮的N種驚喜！
作者：沈瑞琳　定價：299元

特價：236元

79折起

園藝家　09

基礎栽培大全

園藝入門10堂課

作者　花草遊戲編輯部
審定　陳坤燦、鐘秀媚
圖片來源　麥浩斯資料室
總編輯　張淑貞
責任編輯　張曉慈、董淨瑋
美術設計　林佩樺、鄭兆傑
封面設計　林佩樺

發行人　何飛鵬
社長　許彩雪
出版　城邦文化事業股份有限公司
E-mail　cs@myhomelife.com.tw
地址　104台北市民生東路二段141號8樓
電話　02-2500-7578
傳真　02-2500-1916

發行　英屬蓋曼群島商家庭傳媒股份有限公司城邦分公司
地址　104台北市中山區民生東路二段141號2樓
讀者服務專線　0800-020-299 (09:30AM-12:00;01:30PM-05:00PM)
讀者服務傳真　02-2517-0999
讀者服務信箱　E-mail：cs@cite.com.tw
劃撥帳號　1983-3516
劃撥戶名　英屬蓋曼群島商家庭傳媒股份有限公司城邦分公司
香港發行　城邦（香港）出版集團有限公司
地址　香港灣仔軒尼詩道235號3樓
電話　852-2508-6231
傳真　852-2578-9337

新馬發行　城邦(新馬)出版集團Cite(M) Sdn. Bhd.(458372U)
地址　11, Jalan, 30D/146, Desa Tasik, Sungai Besi, 57000 Kuala Lumpur, Malaysia.
電話　603-9056-3833
傳真　603-9056-2833

製版印刷　詮美印刷事業股份有限公司
版次　2008年3月 初版一刷
定價　新台幣399元

Printed in Taiwan

著作權所有・翻印必究（缺頁或破損請寄回更換）

基礎栽培大全 / 花草遊戲編輯部 著. -- 初版. --
臺北市：城邦文化出版：家庭傳媒城邦分公司發行,
2008.03　面；　公分

ISBN 978-986-120-146-7（平裝）
1. 園藝學
435.4　　　　　　　　　97001683

花草 My Garden 遊戲

綠生活全書系

信用卡專用訂閱證

YES! 我要訂閱《綠生活全書系》

限時寄書訂購綠生活書系圖書，共計$＿＿＿＿＿＿＿。

□戀香草戀 NT221元　　　　□花園DIY好好玩 NT236元
□野菜花園 NT221元　　　　□一花一葉的簡單生活 NT236元
□幸福農莊 NT221元　　　　□盆栽變身小花園 NT236元
□種菜超簡單 NT236元　　　□四季草花種植活用百科 NT221元
□間盆花佈置 NT221元　　　□多肉植物仙人掌種植活用百科 NT277元
□盆栽小花園 特價236元　　□四季盆花種植活用百科 NT221元
□好好玩 NT198元　　　　　□室內觀葉植物種植活用百科 NT221元
□道夢幻私花園 NT300元　　□家庭菜園種植活用百科 NT198元
□香草好好玩 NT236元　　　□蘭花入門種植活用百科 NT277元
□廚房好好玩 NT236元　　　□野趣盆栽 NT332元
□花草好好玩 NT236元　　　□居家堆肥活用百科 NT221元

【讀者資料】

件人姓名：＿＿＿＿＿＿＿＿＿＿＿

分字號：＿＿＿＿＿＿＿＿＿＿＿

生日期：西元＿＿＿年＿＿月　別：□男 □女

絡電話：(O)＿＿＿＿＿＿ (H)＿＿＿＿＿＿

機：＿＿＿＿＿＿＿＿＿＿＿

mail：＿＿＿＿＿＿＿＿＿＿＿

絡地址：□□□

＿＿＿＿＿＿＿＿＿＿＿＿＿＿＿＿＿

擇用信用卡付款：□ VISA　□ MASTER　□ JCB

總金額：＿＿＿＿＿＿＿＿

人簽名：＿＿＿＿＿＿＿＿（須與信用卡一致）

卡號：＿＿＿ - ＿＿＿ - ＿＿＿ - ＿＿＿

銀行：＿＿＿＿＿＿＿＿

效日期：西元＿＿＿年＿＿月

填妥後沿虛線剪下，直接傳真(請放大)，或黏貼後寄回。
開立三聯式發票請另註明統一編號、抬頭、地址。
會在寄出三週後收發票。
司保留接受訂單與否的權利。

★24小時傳真熱線
(02)2517-0999　(02)2517-9666
【如需確認，請於傳真24小時後的上班時間來電確認】

★免付費服務專線

0800-020-299

一～五 9：30AM～12：00AM，1：30PM～5：00PM 讀者服務組

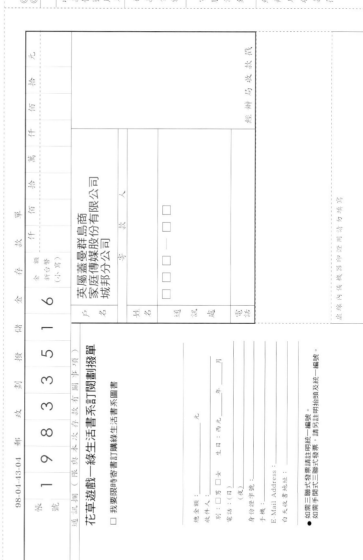

◎寄款人請注意背面說明
◎本收據由電腦印錄請勿填寫

郵政劃撥儲金存款收據

收款帳號戶名
存款金額
電腦記錄
經辦局收款戳

郵政劃撥存款單

金額　仟　佰　拾　萬　仟　佰　拾　元

新台幣（小寫）

戶名　1　9　8　3　5　1　6

英屬蓋曼群島商
家庭傳媒股份有限公司
城邦分公司

寄款人
姓名
通訊處
電話

經辦局收款戳

款　項

版號 98-01-13-04

通訊欄（服務未次存款有關事項）

花草遊戲—綠生活書系訂閱劃撥單

□我要限時寄書訂購綠生活書系圖書

總金額：＿＿＿＿＿＿元
收件人：＿＿＿＿＿＿
電話：(日)＿＿＿ (夜)＿＿＿
身份證字號：＿＿＿＿＿＿
手機：＿＿＿＿＿＿
E-Mail Address：＿＿＿＿＿＿
白天收書地址：＿＿＿＿＿＿

別：□男 □女　生日：西元＿＿＿年＿＿月

● 如需三聯式發票請註明統一編號。
● 如需手開式三聯式發票，請另註明抬領及統一編號。

郵政劃撥存款收據注意事項

一、本收據請妥為保管，以便日後查考。

二、如欲查詢存款入帳詳情時，請檢附本收據及已填妥之查詢函向各連線郵局辦理。

三、本收據各項金額、數字係機器印製，如非機器列印或經塗改或無收款郵局收訖章者無效。

請寄款人注意

一、帳號、戶名及寄款人姓名通訊處各欄請詳細填明，以免誤寄；抵付票據之存款，務請於交換前一天存入。

二、每筆存款至少須在新台幣十五元以上，且限填至元位為止。

三、倘金額塗改時請更換存款單重新填寫。

四、本存款單不得黏貼或附寄任何文件。

五、本存款金額業經電腦登帳後，不得申請撤回。

六、本存款單備供電腦影像處理，請以正楷工整書寫並請勿摺疊。帳戶如需自印存款單，各欄文字及規格必須與本單完全相符；如有不符，各局應婉請寄款人更換郵局印製之存款單填寫，以利處理。

七、本存款單帳號與金額欄請以阿拉伯數字書寫。

八、帳戶本人在「付款局」所在直轄市或縣（市）以外之行政區域存款，需由帳戶內扣收手續費。

交易代號：0501、0502現金存款　0503票據存款　2212劃撥票據存款

本聯由儲匯處存查　210×110mm（80g/m²模）保管五年

廣告回
台灣北區郵政管理局
台北廣字第00
免貼

花草遊戲 My Garden

104
台北市民生東路二段141號2樓

英屬蓋曼群島商
家庭傳媒股份有限公司
城邦分公司　收